たまねぎさんちの犬ごはん

たまねぎ

監修・tamaki

朝日新聞出版

愛犬の笑顔は、最強です。
その笑顔を見ているだけで幸せな気持ちになります。

そんな幸せを増やすお手伝いをするのが「手作りごはん」。

ごはんを作っている時に「今日のごはんは何?」と、
目をキラキラさせながら覗き込んでくる姿。

「ごはんだよ〜」というと、
しっぽをブンブンさせながら、
体全体でうれしいを表してくれる姿。

どれもこれもがうれしくて幸せな瞬間です。

今日も喜んで食べてくれるかな？　と
ウキウキしながら愛犬のごはんを作る私。
おいしいおいしいと食べてくれる愛犬。

手作りごはんは、
愛犬もうれしい！
飼い主さんもうれしい！

最高に幸せな時間を生み出す
ツールなのです。

手作りごはん、とても気になるけれど……
手作りごはんってどうやって作るの？
何から始めたらいいの？
栄養は？
どのくらいあげたらいいの？

と、何もかもが不安になって、
なかなか手作りごはんを
始められない方もたくさんいると思います。

でも、難しく考えなくてもいいんです。
毎食手作りにする必要なんてないし、
栄養や量なども、
そんなに神経質にならなくても大丈夫です。

野菜やおいもをゆでて
ドッグフードにかけたり、
鶏ささみをゆでて細かくして
トッピングしたり。
そんな簡単なごはんでも、
愛犬はたくさん喜びを表現してくれます。

できる範囲で、できる時だけでいいのです。
たったそれだけで、
愛犬の愛くるしいキラキラビームと
高速しっぽブンブンが手に入ります！

さあ！

難しく考えずに、最初の一歩、始めちゃいましょう。

愛犬の最高の笑顔をゲットするために！

はじめに

私の名前は「たまねぎ」です。
わんこに与えてはいけないという食材とまさかの同じ名前です（笑）。
もちろん本名ではありませんよ。

「タマネギ」は、そのまま食べると辛いのですが
火を入れると甘くなります。
私こと「たまねぎ」は愛犬が好きで好きで、
愛情の炎で愛犬に対してかなり甘くなっています。
熱を入れると甘くなるという繋がりです！

そんな、犬バカたまねぎは、
実はものすごく面倒くさがり屋でズボラです。
でも、ちまたで敷居が高いといわれている
手作り犬ごはん生活を満喫しています。

「えー！？」って声が聞こえてきますが、本当のことです。
ルールは、難しいことはしない、ムリはしない、楽しむ。
これだけです。

本を読み進めていくとそのわけがわかりますよ。

読み終えた後に、「私にもできるかも！」
そう思っていただけたらうれしいです。

たまねぎ

岳（がっくん）
スタンダードプードル（♂・白）
末っ子気質で、くぅさんとりっくんが大好き。食べ物も好き嫌いなし。

陸（りっくん）
スタンダードプードル（♂・白）
率先して子守りを担当。くぅさんが大好き。食材を細かくしてほしいタイプ。

空（くぅさん）
スタンダードプードル（♂・黒）
いつも家族を見守ってくれるダンディでやさしい兄貴。野菜が大好き。

CONTENTS

CHAPTER 2
たまねぎさんちの
犬ごはんの楽しみ方

CHAPTER 3
目的別体いたわりレシピ

参考文献 『かんたん！手づくり犬ごはん』須﨑恭彦著（ナツメ社）
『作り置きで簡単！犬の健康ごはん』
須﨑恭彦監修（マイナビ出版）
『愛犬のための症状・目的別栄養事典』須﨑恭彦著（講談社）
『一緒に作って食べられる犬のごはん』
須﨑恭彦監修（マイナビ出版）

『獣医師が考案した長生き犬ごはん』
林美彩著、古山範子監修（世界文化社）
『はじめての犬ごはんの教科書』俵森朋子著（誠文堂新光社）
『犬ごはんの教科書』俵森朋子著（誠文堂新光社）
『kuma kitchen とっておき愛犬レシピ』
kuma kitchen著（集英社クリエイティブ）

CHAPTER 1

愛犬も飼い主さんも幸せになる手作りごはん

CHAPTER1では、手軽に必要な栄養素を摂る方法、
おすすめ食材やNG食材など、手作りごはんを始める際に
知ってもらいたいことを紹介しています。
読めばきっと「これなら私にもできそう!」と思えるはずです。

手作りごはんの
いいところ

　ドッグフードがいいか？　手作りごはんのほうがいいか？多くの飼い主さんが一度は考えたことがあるのではないでしょうか。実際には、どちらもメリットがあります。

　ドッグフードの最大の利点は簡便性。水とドッグフードがあれば、いつでも必要な栄養素を摂ることができます。

　一方、手作りごはんのいいところは、飼い主さんが自ら選んだ食材でごはんが作れるということ。体調に合わせたり、好みのサイズや食感にしたりと、**愛犬専用の細やかなごはん作りが可能**です。犬にとって大事な「水分」をしっかり摂らせることもできます。

　さらに、料理に使う旬の食材は、愛犬の体が喜ぶ栄養素がたくさん！　年中出回っているような食材でも、旬のもののほうが栄養価が高いので、健康な体作りに役立ちます。

　そして、手作りごはんを食べる時の愛犬のうれしそうな顔を見ると、**最高に幸せな気持ちでいっぱいになることが、手作りごはんの最大の魅力**といえます。

　ドッグフードに比べると少しだけ作る手間がかかりますが、ムリなく、できる範囲でいいんです。大切な家族の一員である愛犬のキラキラした笑顔のために、手作りごはんを始めてみませんか？

すべてを手作りにする必要はないし、
ドッグフードと併用でももちろん大丈夫！
ムリせず、自分ができる範囲でやってみてね！

手作りごはん **3** つのメリット

1 愛犬の体調に合わせて食材を選べる!

お腹を壊している時は胃腸にやさしいごはん、ぽっちゃりさんには低カロリーのごはんと、愛犬の体調に合わせて、食材から作り方まで調節できるのが手作りごはんのいいところ。特に旬の食材は、その季節に体が必要としている栄養素が豊富。愛犬と一緒に味わってみましょう。

2 水分がたっぷり!

水分は犬にとっても重要です。水分が足りないと老廃物が体から出せなくなって、体調を崩す原因にもなります。ほとんどのドライフードは含まれる水分が10%以下ですが、野菜などを入れた手作りごはんは水分が70%以上なので、たっぷり水分を摂ることができます。

3 おいしそうに食べてくれる姿がうれしい!

作った料理をおいしそうに食べてもらえるのはうれしいものです。それは相手が人でも愛犬でも同じこと。愛犬に、まだかまだかと催促されながら作るのも楽しいですし、夢中で食べている姿は、愛おしいの一言! 手作りごはん最高! 心のなかでガッツポーズです。

栄養バランスは
ざっくり考えるだけでOK

　みなさんは、自分や家族のごはんを作る時に、毎回カロリーや栄養の計算をしていますか？　していないと答える方がほとんどではないでしょうか。同じように、犬ごはんも必要な栄養について悩まなくて大丈夫。それに、毎日・毎食カロリーや栄養の計算をしていると、どんどん飼い主さんの負担になり、愛犬のごはんを作るのが辛くなってしまいます。

　よほど**偏った食事が続かないかぎりは、そうそう体調を崩すことはありませんのでご安心くださいね。**人のごはん用に準備した食材を犬ごはんにも使えば、自然といろいろな食材を通してさまざまな栄養素を摂取できます。

　栄養バランスよりも、P23を参考に**愛犬の理想体型の基準を知って、日々の体型の変化に気をくばってあげて**くださいね。ただし、犬には負担になったり体調不良になったりする食材（P27）もあるので、気をつけてください。

明日は魚かな？

今日はお肉っぽい！

健康な体を作るために必要な 5つの基本栄養素

基本の5つの栄養素は、骨や筋肉、臓器や血管、脳、皮膚や粘膜など体の構成に欠かせないものです。詳細を覚えたり、毎食5種類がそろっているかどうか神経質になる必要はありませんが、知識として押さえておくとよいでしょう。

筋肉・皮膚・血液など体内組織を作る

たんぱく質

肉類、魚類、卵、大豆、納豆、
豆腐、チーズ　など

脳や筋肉を動かすエネルギー源になる

炭水化物

ご飯、パン、パスタ、うどん、
いも類　など

脂質 (少量でOK)

脂身、油類、バター　など

体の調子を整える

ビタミン

野菜、果物　など

ミネラル (少量でOK)

キノコ類、海藻、小魚、牛乳、
シジミ　など

おやつの量に注意しましょう

おやつの種類や与える回数にもよりますが、その分食事の量を減らすか低カロリーの食材を多くしたごはんにしましょう。特別に誕生日ケーキをあげた日は、炭水化物を抜く、野菜多めのごはんにするといった工夫を。1日の食事量の1割程度に抑えたほうが肥満防止に繋がります。

1：1：1の法則で
必要な栄養素を手軽に摂る！

　P14で栄養バランスを気にしなくてもOKといいましたが、やっぱり不安という方もいますよね。そんな方におすすめなのが「1：1：1」の法則。ごはんを作る目安として、**たんぱく質、野菜、穀物の割合を1：1：1にする方法**です。

　まずは同じ大きさの入れ物や器を3つ用意して、それぞれに、切った肉や魚（たんぱく質・脂質）、野菜を数種類（ビタミン・ミネラル）、ご飯などの穀物（炭水化物）を同量ずつ入れたら簡単に1：1：1の割合になります。

　鍋に、火が通りにくいたんぱく質、野菜の順番で入れていき、ひたひたになるくらいの水（出汁でもOK）を入れてやわらかくなるまで火を通します。最後に穀物を入れて煮たら、「おじやごはん」の完成です！　5つの基本栄養素を簡単に摂取でき、食材の種類を変えるだけで、いろいろな栄養素が摂れ、レパートリーも増える一石三鳥な方法です。

 フードボウルに移した
時の水分量は
どのくらい？

鍋で煮る時もフードボウルに入れる時の水分量も特に気にしないで大丈夫です。水分が多ければ、その分、尿で排泄されるので、神経質にならなくてもいいんです。

1:1:1 の法則を実践!

たんぱく質

- ☐ 肉や魚を入れる
- ☐ 運動量の多い子は、多めにしてもOK
- ☐ 食塩不使用の缶詰などを使っても問題なし

野　菜

- ☐ できれば淡色野菜も緑黄色野菜も入れられるとベスト
- ☐ 食物繊維が多いキノコ類は、お腹を壊す子もいるので、なるべく細かく刻んで、ごはん全体の10%程度にする

穀　物

- ☐ ご飯（白米）以外の麦ご飯、雑穀米などでもOK
- ☐ 1週間に1～2回程度はパスタやパン（塩分が少ないもの）に替えても問題なし
- ☐ 運動量が少ないシニア期の子などは穀物がなくても（少なくても）大丈夫

※たんぱく質制限のある腎臓病の子は、穀物でカロリーを調整するため例外

上記の食材を鍋に水とともに入れて煮たら完成！
量が多すぎるようなら、冷凍しておけば大丈夫。
食材ごとに分けて冷凍しておいてもいいよ

彩りまで意識できると
犬ごはん作りの上級者！

　1:1:1の法則でごはんを作ることに慣れてきたら、今度は素材の彩りを意識してみてください。

　どの食材も複数の栄養素を持っていますが、野菜に含まれている色素にはそれぞれ特別な働きがあることが知られています。赤いトマトのリコピンには動脈硬化予防、ほうれんそうやブロッコリーなどの緑色の野菜に含まれるクロロフィルは、コレステロールの調整をしてくれます。

　食材が持つ栄養素やその働きを全部覚えるのは大変ですよね。右の表に食材の色ごとの代表的な栄養素や効果などをまとめたので、参考にしてくださいね。**ごはんを6種類の彩りにすると、さまざまな栄養素をまんべんなく摂取できます。**

色別の代表的な食材

赤色	サケ、マグロ、カツオ、牛肉、豚肉、馬肉、レバー、トマト、赤ピーマン、あずき、イチゴ
黄色	卵、にんじん、かぼちゃ、さつまいも、とうもろこし、納豆、おから、生姜、オートミール、チーズ、ごま油、オリーブオイル
茶色	椎茸、しめじ、舞茸、マッシュルーム、アジ、イワシ
緑色	小松菜、ほうれんそう、ブロッコリー、キャベツ、ピーマン、オクラ、アスパラガス、セロリ、ブロッコリースプラウト、パセリ、青のり
黒色	黒きくらげ、ひじき、昆布、ワカメ、のり、黒ごま
白色	白米、うどん、タラ、鶏肉、豆腐、豆乳、じゃがいも、大根、白菜、カリフラワー、ヨーグルト

栄養バランス満点になる 6 種類の色分け

白色…15%

ご飯などの白い穀物のほか、白色の野菜も該当する。胃腸にやさしい食材が多い

赤色…40%

丈夫な体を作るために必要なたんぱく質が豊富な食材が多い

黒色…5%

カルシウムなどのミネラルが豊富な食材が多い。トッピング程度でOK

緑色…10%

ビタミンやミネラル、食物繊維が豊富な食材が多い

茶色…10%

骨や歯といった体の組織を作る、ビタミンDが豊富な食材が多い

黄色…20%

食物繊維を多く含む食材が多いため、お腹の調子を整える効果が期待できる

1：1：1の法則に加えて、この彩りと割合を意識できると栄養バランスのいいごはんになるよ

手作りだと、愛犬に
必要な量がわからない！

　ドッグフードは、パッケージに体重ごとの1日分の大まかな量が書いてありますが、手作りごはんの場合、どれくらいの量を1日または1食分として与えればよいのか、わかりづらいですよね。

　人間でも、同じ量の甘いものを食べて太る人もいれば、体重があまり変わらない人もいるように、**同じ犬種・年齢・体重であっても、1日に必要なカロリーは個体差があります。**さらに、運動量や季節、体調によっても、日々変動します。

　一般に、**犬の胃袋の大きさは、頭のハチの大きさが目安になる**といわれています。

　イメージしにくい人は、アルミホイルを愛犬の頭にスポッとはめて、ハチのサイズを測ってみてください。それが胃袋の大きさとほぼ同じになります。まずはその大きさを1食分と考えて、手作りごはんを与えてみればOKです。

　体が作られる時期である離乳期（P31）は、ハチの大きさに対して約2倍の量、成長期は約1.2〜1.5倍の量にしてあげるといいですよ。

ハチのサイズが
1食分の子もいれば、
1日の量になる子も！
ぼくたちの体型を見ながら
量を調節してみてね

量を増やせばカロリーも増える？

　量を増やせばカロリーが必ず高くなるというわけではありません。同じ量でも、たんぱく質が少なめで野菜たっぷりのごはんならカロリーは低くなりますし、脂肪分が多い肉をたくさん使ったごはんならカロリーは高くなります。犬は肉食寄りの雑食ですが、炭水化物の消化が苦手な子もいるので、ごはんそのものの量を増やしたいなら、たんぱく質や野菜などでかさ増ししましょう。

運動をたくさんする子なら
高たんぱくのごはんでも
理想体型をキープ！

それでもカロリーが気になる人は下の計算式を使ってみて

犬が1日に必要なカロリー

$$\boxed{70} \times \boxed{\text{体重（kg）の } 0.75 \text{ 乗}} \times \boxed{\text{ライフステージ別係数（P31）}}$$

電卓で
計算するなら
こんな感じ！

ライフステージ別係数

成長期：2.0〜3.0、成犬期：1.6〜1.8、シニア期：1.4

体重10kg・成犬期の子なら1日に必要なカロリーは

$70 \times 10\text{kgの}0.75\text{乗} \times 1.6 = \text{約}629\text{kcl}$

- -

$\boxed{\text{体重（kg）}} \times \boxed{\text{体重（kg）}} \times \boxed{\text{体重（kg）}} = \boxed{\text{合計}}$ を出す

↓

$\boxed{\sqrt{\ }\text{ボタン}}$ を2回押す

↓

$\boxed{70}$ をかける

↓

$\boxed{\text{ライフステージ別係数}}$ をかける

ライフステージは
P31を見てね。
シニアになると基礎代謝が
落ちて運動量も少なくなるから
係数は低くなるし、妊娠中や
授乳中、運動量の多い子は
係数が高くなるよ！

愛犬の
理想体型を知りたい！

　愛犬の食生活において、飼い主さんが気をつけるべきことは体重管理です。体重が増えると膝に負担がかかって関節炎になったり、糖尿病や心臓病といった深刻な病気の原因になったりすることも。

　飼い主さんは**「愛犬にどの程度食べさせたら適正な体重になるのか」**ということを理解しておくようにしましょう。ただ、体重には個体差があり、太った・痩せたを見極めるのが難しいので、**愛犬の体型で判断する方法が最適**です。見た目と触れた状態から体型を5段階（9段階のものもある）で評価するボディコンディションスコア（BCS）で簡単にチェックできますよ。

　理想体型になっていれば、ごはんの回数や量を変えなくてもOKです。同じ量を与え続けて太るようであれば、カロリーが低めなごはんにするか、食事の回数を減らす。痩せていくようであれば、たんぱく質を多めにした高カロリーのごはんにするか回数を増やしてあげます。

　スキンシップをとることにも繋がりますし、毎回カロリーや栄養素を気にするよりも、手軽に愛犬の健康管理ができます！

痩せ気味の子に
おすすめの食材

☐ 皮付きの鶏肉
☐ いも類
☐ 亜麻仁油（あまにゆ）などのトッピング

ぽっちゃりさんに
おすすめの食材

☐ 皮を取った鶏ムネ肉
☐ 鹿肉
☐ 豆腐

ボディコンディションスコアを知っておこう！

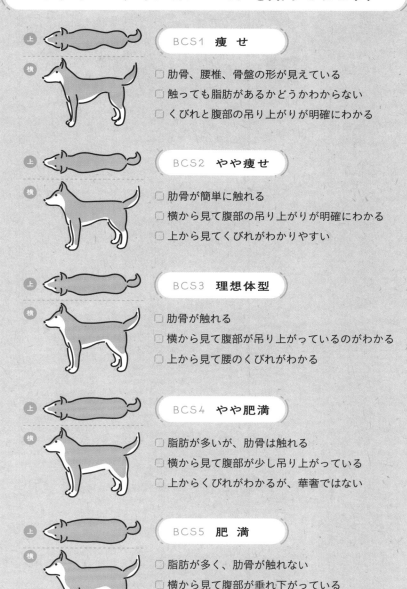

上
横

BCS1 **痩 せ**
- ☐ 肋骨、腰椎、骨盤の形が見えている
- ☐ 触っても脂肪があるかどうかわからない
- ☐ くびれと腹部の吊り上がりが明確にわかる

上
横

BCS2 **やや痩せ**
- ☐ 肋骨が簡単に触れる
- ☐ 横から見て腹部の吊り上がりが明確にわかる
- ☐ 上から見てくびれがわかりやすい

上
横

BCS3 **理想体型**
- ☐ 肋骨が触れる
- ☐ 横から見て腹部が吊り上がっているのがわかる
- ☐ 上から見て腰のくびれがわかる

上
横

BCS4 **やや肥満**
- ☐ 脂肪が多いが、肋骨は触れる
- ☐ 横から見て腹部が少し吊り上がっている
- ☐ 上からくびれがわかるが、華奢ではない

上
横

BCS5 **肥 満**
- ☐ 脂肪が多く、肋骨が触れない
- ☐ 横から見て腹部が垂れ下がっている
- ☐ 上から見た時にくびれがほとんどない

出典：環境省『飼い主のためのペットフード・ガイドライン』

あげてよい食材・ダメな食材が知りたい！

　犬が食べることのできる食材は、人間とほぼ同じですが、P27のNG食材は使わないようにしましょう。犬は人間よりも胃腸が丈夫なので、それ以外は、ナーバスにならなくても大丈夫です。

　手作りごはんでは、調味料（砂糖、塩、醤油、ソース、みそ、ケチャップなど）を使った味付けは不要。なぜなら、これらの**調味料をたっぷり使った人のごはんをあげてしまうと塩分過多になる可能性が高い**からです。犬にも塩分は必要ですが、たいていは食材に含まれる塩分で十分です。

　基本的には、食材の扱い方も人と一緒です。アクのある野菜は下ゆでする、水にさらすなど、普段のごはんを作る時と同じように下処理をしてあげてください。

たまねぎさんちの日常

昔、床に落ちたチョコレートをがっくんが口に入れてしまったことがありました。慌てて「ノー！ ドロップ！」と叫んだら、驚いて口から出してくれました。それ以来、床に落ちたものを見つけると、まず私の顔を見るように。あの時の私がよほど怖かったのでしょう（笑）。

我が家では、幼い孫たちと「わんこに自分たちのおやつをあげてはいけない」という約束をしています。どうしてあげてはいけないのかをちゃんと説明してあげると、幼いながらもわんこの体を気遣い、おやつなどをこぼさないよう気をつけてくれるようになりました。

普段からあげてよい食材と注意点

肉

本書のレシピはすべて加熱食だが、生肉を与える場合は、人間向けの生食用食肉を選ぶこと。加工品のハム、ベーコンは塩分と添加物が多いので与えないほうがよい

魚

魚の硬い骨は歯で砕いたあと、消化器に刺さる恐れがあるので取り除いて与える

野菜・果物

トマトやなすのヘタ、じゃがいもの芽は取り除く。果物は種を取り除き、無農薬以外のものは皮を洗うか、むいたほうがよい

魚の種類や調理法、
犬の体の大きさ、
食べ方によっても
骨の扱いは異なるので、
飼い主さんが
判断してあげてね！

炭水化物

白米や玄米、雑穀米、麦飯などはOK。うどんやパスタといった麺類やパンは若干の塩分があるが毎日続かないようなら問題ない

そのほかの食材

納豆・豆腐・お麩

納豆は犬にとっても栄養抜群。洗わずに与えるほうが栄養素を摂取できる。豆腐やお麩も与えてもよいが少なめに

トッピングに使えるおすすめ食材

ハーブ類

香りづけをするバジル、パセリ、大葉といったハーブ類は少量なら与えてもよい。刻んでほかの材料と混ぜても、手でちぎってごはんにかけてもOK

海藻類ほか

ワカメやひじきは、水で戻したあとに細かく切ってトッピング。青のりやカツオ節などもおすすめ

ぼくの朝食は、いつもヨーグルトをかけてもらっているよ！

ヨーグルト

ご飯にかけてもOK。無糖を選ぼう

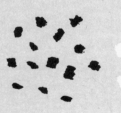

ごま

ごまは皮が消化できず、そのまま排便されるので、すりごまを活用しよう。酸化を防ぐために食べる直前にすってトッピングするとよい。黒ごま・白ごま、どちらでも栄養価がアップする

みそ

本来は塩分過多になるため不要な調味料だが、たまにであれば、小さじ1杯程度（体重5kgで小さじ1杯弱が目安）のみそをかけるとよい。ドッグフードを併用して食べている子には不要

NG食材

ねぎ類

ねぎやタマネギ、ニラなどのねぎ類は赤血球を壊して貧血を招く恐れがある。にんにくは、極少量ならOK。合わない子もいるので、不安なら使わないほうがよい

チョコレート、ココア

カカオに含まれるテオブロミンという成分により、嘔吐や下痢、不整脈、痙攣などの中毒症状が出る恐れがある

カフェイン

犬はカフェインを分解する力を持っていないため、コーヒーや紅茶、緑茶は不整脈を引き起こす恐れがある。少量であれば中毒症状を引き起こす心配はないが、個体差があるため避けたほうがよい

香辛料

とうがらしなどの刺激の強い香辛料は、胃腸を刺激して下痢などの症状が出る恐れがある。また、消化器官にも負荷がかかりやすい

キシリトール

キシリトールは重い中毒症状を引き起こすことがある

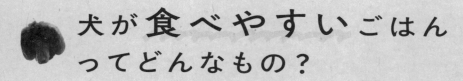

犬が食べやすいごはん ってどんなもの？

　犬には、基本的に食べ物を噛まずに丸飲みする習性があります。そのため、大きすぎる食材は喉に詰まる危険性があります。**普段食べさせているドッグフードの大きさを目安にするか、一口サイズに食材を切ってあげましょう。**フードプロセッサーなどを使って細かくしてもOK。麺類なども、一口サイズに切ってやわらかめにゆでてあげると食べやすいです。

　注意してほしいのが温度です。ごはんを作りたてのアツアツ状態のままあげると火傷をしてしまうので、38〜40℃程度に冷ましてからあげましょう。野生動物だった頃に、捕食していた獲物の体温に近いため、ちょっと温かいぐらいのごはんが適温だといわれています。冷蔵庫や冷凍庫で保存している食材、または作り置きしていたごはんは、少し火を入れて温めるかレンジでチンしてあげましょう。

　ごはんは少し温めることで香りが出ます。**犬は「匂いで食べる生き物」でもあるので、温かいほうが食欲が湧き、食いつきもよくなりますよ。**

ぼくたち
猫舌なんです！
触ってぬるいぐらいが
ちょうどいいな！

　我が家のわんこたち（くぅさん、りっくん、がっくん）は、同じ犬種（スタンダードプードル）で、同じ環境で育てたのに、みんな食の好みが違います。

　くぅさんは野菜が大好き。畑から抜いた小松菜をワイルドにそのままモシャモシャ食べてしまいます。でも、果物は一口サイズに切らないと食べてくれません。

　りっくんは、バナナやモモなどのやわらかい食感のものが苦手。そして、どんな食材も小さく切らないと食べてくれません。

　がっくんは、好き嫌いもないし、食材の大きさにもこだわりません。なんでもおいしそうに食べてくれます。

　わんこたちの食事を作る時は、食に神経質なりっくんに合わせて食材を小さく切るようにしています。ただ、噛むのが大好きながっくんのために、がっくんの分だけは、肉類を大きめに切るといった工夫をしています。

　孫たちは犬ごはんを離乳食にして育ったからなのか、今でも犬ごはんを作っていると味見をしにきます（笑）。ある日、昼食用にたこ焼きを作っていたら、孫娘のまめちゃんが「ねぎを入れなければわんこも食べられるんじゃない？　きっと喜ぶよ～」といったんです！　その発想力にすっかり感心してしまいました。

　さらに「りっくんは小さくないと食べられないから小さく作って、くぅさんとがっくんには大きいのを作ってあげようよ」というではありませんか。生まれた時からずっと、私が犬ごはんを作っているところを見てきたので、わんこたちのことがわかるのでしょうね。孫の成長を感じることができた、とてもうれしかったエピソードです。こうして我が家の「おそろい犬ごはん」のレシピがまたひとつ増えたのでした。

手作りごはんって
何歳からでも始められる？

手作りごはんを始めるのにベストなタイミングというのは特にありません。おうちに新しい犬をお迎えした直後は、それまで食べていたのと同じものをあげてください。環境に慣れたらP32を参考に手作り食に移行しましょう。離乳期の離乳食も手作りごはんで大丈夫です。

ぼくは、途中から
手作りごはんを
食べるようになったよ！

そして、**シニア期こそ愛犬の状態に応じて調節できる手作りごはんがおすすめ**です。なるべく脂質は控え、良質のたんぱく質を増やすといった工夫をしましょう。そのうえで、材料をやわらかく煮込んだり、すりおろしたりペースト状にしてあげると、消化器官の能力が低下するシニア期の子でも食べやすいごはんになります。食が細くなったハイシニア期の子は、愛犬が好んで食べてくれるものや、少量でも高カロリーな食材を食べさせるとよいでしょう。

今はぼくたち全員、
手作りごはんが
大好き！！

犬のライフステージと食事量

　ライフステージは犬のサイズによって異なるため、自分の愛犬がどこに当てはまるか確認しましょう。回数などはあくまでも目安です。愛犬が一番ハッピーで健康になるごはん作りをしてあげて。

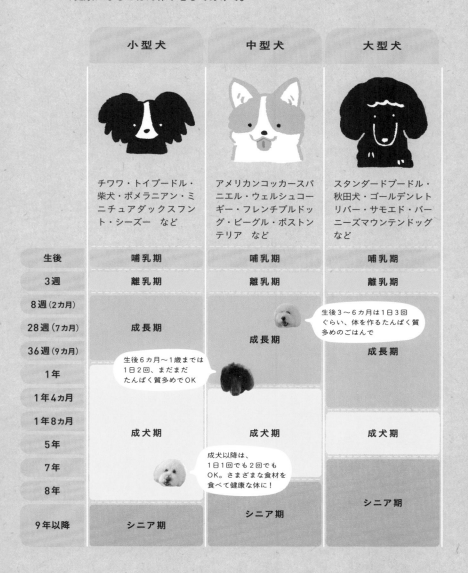

	小型犬	中型犬	大型犬
	チワワ・トイプードル・柴犬・ポメラニアン・ミニチュアダックスフント・シーズー　など	アメリカンコッカースパニエル・ウェルシュコーギー・フレンチブルドッグ・ビーグル・ボストンテリア　など	スタンダードプードル・秋田犬・ゴールデンレトリバー・サモエド・バーニーズマウンテンドッグ　など
生後	哺乳期	哺乳期	哺乳期
3週	離乳期	離乳期	離乳期
8週（2カ月）	成長期	成長期	生後3〜6カ月は1日3回ぐらい、体を作るたんぱく質多めのごはんで
28週（7カ月）			
36週（9カ月）			成長期
1年	成犬期		
1年4カ月		成犬期	
1年8カ月			成犬期
5年			
7年			
8年			シニア期
9年以降	シニア期	シニア期	

生後6カ月〜1歳までは1日2回、まだまだたんぱく質多めでOK

成犬以降は、1日1回でも2回でもOK。さまざまな食材を食べて健康な体に！

手作りごはんに うまく**移行する秘訣**

　手作りごはんに移行する際に、なんの問題もなく適応できる子もいますが、一時的に嘔吐や下痢などの症状が出る子もいます。**焦らずゆっくりと様子を見ながら20日間ほどかけて移行するのがポイント**です。

　まずは食べ慣れたフードに少しだけトッピング（混ぜてもよい）することから始めてみましょう。肉や魚などのたんぱく質からスタートするのがおすすめです。例えば、ゆでた鶏ささみ（ゆで汁もかける）やカツオ節など何か1種類の食材だけでもOK。次の日は同じ食材を少し増やしてトッピングします。

　様子を見ながら野菜も加えていきます。最初のうちは、犬の体が野菜の消化吸収に慣れていないため、やわらかく煮たり、ペースト状にしたりするとよいでしょう。知らない食材をイヤがるようなら、細かく切って好きなものに混ぜてあげると食べてくれるかも。

　少しずつ、食材の種類や量を増やしていき、体を慣らしてあげましょう。

たまねぎさんちの日常

我が家の手作りごはんは、ドッグフードにゆでた鶏ささみをトッピングすることから始めました。目をキラキラさせているわんこを見るのが本当にうれしくて！ ウンチの様子（P83）を見ながら、たくさんあげたい気持ちをグッとこらえて、少しずついろいろな食材を増やしながら移行しました。

手作りごはん 20日間移行プログラム！

普段のフード以外の食材の割合を少しづつ増やします。嘔吐や下痢の症状が出ても、元気があるなら様子を見てもいいですが、心配なら病院へ。また、かゆみなどが起きた場合は、アレルギーの可能性もあるので、食材を変えるか獣医師に相談をしてくださいね。

1 トッピング期間 **1〜2日** フード：9 手作り：1

2 ゆでた鶏ささみなどの肉（ゆで汁ごと）やカツオ節などを少量トッピング！

3 **3〜4日** フード：8 手作り：2

4 嘔吐や下痢などの症状がなければ、同じ食材の割合を増やしてみよう

5 **5〜6日** フード：7 手作り：3

6 数種類ずつトッピングを追加して

7 **7〜8日** フード：6 手作り：4

8

9 切り替え期間 **9〜10日** フード：5 手作り：5

10

11 **11〜12日** フード：4 手作り：6

12

13 **13〜14日** フード：3 手作り：7

14 海藻やキノコ類も取り入れてみて！

15 **15〜16日** フード：2 手作り：8

16

17 完全移行期間 **17〜18日** フード：1 手作り：9 完全移行までもう一息！

18

19

20 **20日目** すべて手作りに！！

食後の歯磨きタイムを大切に

　人間は歯がダメになっても入れ歯やインプラントなどで対処できますが、動物はそのようなことができません。食べられなくなると健康寿命に大きく影響します。犬は虫歯になりにくい代わりに、歯周病になりやすいという特徴があります。そして、**歯周病は、犬の心臓病や脳梗塞や肝臓病、腎臓病、認知症といったさまざまな病気の原因になることがある**のです。

　犬の歯周病を予防するための理想的な方法は、歯ブラシを使った歯磨きです。犬の歯のエナメル質は人の半分以下の薄さなので、やわらかい毛質の歯ブラシ（人の子ども用歯ブラシは硬いのでNG）を使い、力を入れずに磨いてあげます。歯磨き粉は必須ではないので、水で歯ブラシを洗い流しながら磨くだけでも問題ありません。

　指にはめるガーゼなどもありますが、使い方を間違えると歯石の原因となるプラーク（歯垢）等を歯間や歯肉の下に押し込んで、逆効果になることもあるので注意してくださいね。

　何歳からでも歯磨きを覚えさせることはできます。愛犬が健康で長生きできるように、最初はおいしい味がする歯磨き粉を使うなど、少しずつムリのないように歯ブラシに慣らしてあげて、「歯磨き＝楽しい」と思ってもらえるようにしましょう。

　歯磨きは食後にやってね！
　歯ブラシをガシガシ噛むクセがつくと、
　刷毛や歯ブラシのヘッドが取れて
　誤飲してしまう恐れもあるので、注意してね！

正しい歯磨きの実践方法

歯磨きは乳歯が生え始めた時にスタートするのがベストですが、その時期を逃したとしても、今すぐ始めればOK。始めてすぐの頃は犬も飼い主さんも上手にできなくて当たり前。健康のために、楽しみながら継続してみましょう。

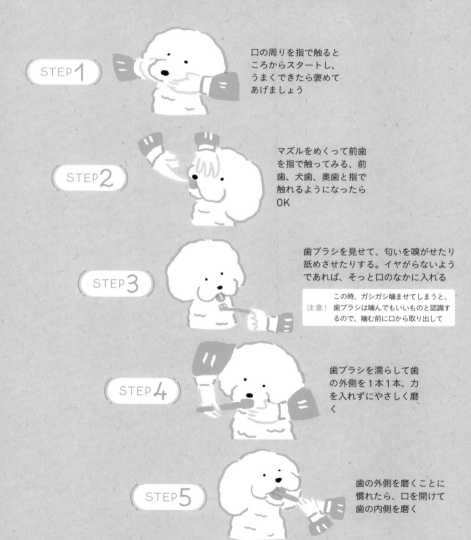

STEP 1
口の周りを指で触るところからスタートし、うまくできたら褒めてあげましょう

STEP 2
マズルをめくって前歯を指で触ってみる、前歯、犬歯、奥歯と指で触れるようになったらOK

STEP 3
歯ブラシを見せて、匂いを嗅がせたり舐めさせたりする。イヤがらないようであれば、そっと口のなかに入れる

注意！　この時、ガシガシ噛ませてしまうと、歯ブラシは噛んでもいいものと認識するので、噛む前に口から取り出して

STEP 4
歯ブラシを濡らして歯の外側を1本1本、力を入れずにやさしく磨く

STEP 5
歯の外側を磨くことに慣れたら、口を開けて歯の内側を磨く

散歩で愛犬の心と体を元気にしよう！

　犬種、年齢により必要な散歩量は違いますが、犬の心身の健康のために毎日の散歩は必須です。たまに小型犬なら屋外での散歩は不要だと思っている方がいますが、そんなことないんです。屋外で散歩をするメリットは、地面を歩かせることによる足裏への刺激があること。できれば舗装された道だけでなく、芝生や砂場（犬が入場OKの場所で！）など、いろいろなところを歩かせて足裏が刺激をたくさん受けるようにしましょう。坂道を歩かせるのもおすすめです。

　毎日散歩をすることで、**足腰だけでなく体中に筋肉がつき、血行もよくなって、体のすみずみまで酸素がいきわたるようになります**。犬の骨を丈夫にするためには、カルシウムとビタミンD、日光と運動が必要なので、日光に当たる時間帯の散歩を心がけてください。さらに、五感に刺激を受けることで、近年多くなっている犬の認知症予防にも効果がありますよ。

　ただし、毎日一定の時間、ルートだと行けなくなった時にストレスを抱える子もいるので、多少変化をつけてあげられると、より充実した散歩タイムを楽しめます。

気温と路面温度には要注意！

初夏〜夏頃の日中のアスファルトは60℃以上になることも。気温と路面温度が高い時間帯の散歩は、人間よりも地面に近いところにいる犬が、熱中症になる、足裏の火傷をするなどの恐れがあります。散歩する時間帯にはくれぐれも注意してください。天気予報で黄砂、PM2.5の情報を確認し、多い日も散歩を控えましょう。アレルギーや呼吸器疾患、循環器疾患の原因になる場合があります。

　我が家の散歩は1日に1回、あとは庭などで自由に走らせる、フリスビーをする、といった運動も1日に1回させています。

　散歩は気分転換やストレス発散、遅筋を鍛えるため。庭での運動は速筋を鍛えるためです。

　トイレは散歩の前に家の庭ですませるようにしています。散歩に行く時間は特に決めていません。天気予報で天気や気温をチェックし、雨雲レーダーを確認して雨や雪が降らない時間を狙って散歩に行きます。ルートも距離もその日の気分で変えています。

　え?　そんなんでいいの?　と思う方もいるかもしれませんが、それが我が家のスタイルなんです。

　家の都合でなかなか同じ時間帯に散歩に行けないという理由もありますが、ルーティン化しないことで、同じようにできない時もわんこたちがストレスを抱えないよう気を配っています。

　それと、お散歩中は何度かわんこたちの名前を呼びながら、アイコンタクトを取るようにしています。人やよそのわんちゃんに飛びかかる、突然走り出すといった危険な行動を回避できるので、トラブル防止になり、みんなで一緒に楽しい散歩タイムを共有することが可能です。

　私にとってのわんこたちとのお散歩とは?　わんこたちとおしゃべりしたり、孫たちと歌いながら歩いたり、スキップしたりと、穏やかでとても幸せで大事な時間です。

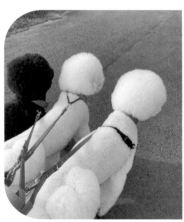

ムリせず、できることから 始めよう

　同じ犬種・体重の子でも、過ごしている環境や運動量、年齢などによって与えるドッグフードの量が違います。手作りごはんも愛犬に応じて柔軟に対応してほしいので、本書ではあえてレシピの詳細な分量を記載しないことにしました。P16の1：1：1の法則やP20の1食分の量などを参考に**「うちの子はだいたいこれぐらいかな」という気持ちで作ってみてくださいね。**

　レシピの肉を魚に変える、別の野菜に変えるというふうに臨機応変に対応しても構いません。

　ドッグフードにトッピングするだけ、肉や野菜のゆで汁をかけるだけでもOKなんです。

　ご飯にフルーツやヨーグルトをのせるといった、ちょっと意外な組み合わせでも大丈夫！

　昨日は肉だったから今日は魚、今日は違う野菜を足そうかな……そんな感じで**飼い主さんがムリなくできる範囲で手作りごはんを始めてみてくださいね。**愛犬との日々がもっともっとHAPPYになりますよ！

> 忙しいけど、手作りごはんやってみたい！
> という人は、時短グッズなどを使ってね

手軽で便利なものを活用しよう

フードプロセッサーで食材をカット

材料を切るのが面倒な時は、フードプロセッサーを活用して。多めにカットし、冷凍しておく方法もおすすめ

カプセルカッター ボンヌ／レコルト

サバ缶

人向けの食品だが、食塩不使用なので犬も食べられる鯖の水煮缶。缶詰は汁ごと活用できるので、とても便利かつ栄養もたっぷり

あいこちゃん鯖水煮食塩不使用／伊藤食品株式会社

シーチキン®缶

こちらも本来は人向けの食品だが、野菜エキスが含まれない（野菜エキスにはタマネギが含まれていることが多い）、マグロと水だけで作ったシーチキンの缶詰。食塩・オイル不使用で犬ごはん作りにぴったり

まぐろと天然水だけのシーチキン純／
はごろもフーズ株式会社

鹿肉などの冷凍食品

近くのスーパーなどにない場合は、ネット通販などで購入してみて

鹿肉（犬用／猫用）／株式会社Forema

好き嫌いのない子なら、非常時も安心！

日本は災害が多い国です。非常時には、普段与えているドッグフードが手に入らないかもしれません。そういった時、好き嫌いがなく、手作りごはんに慣れていれば、人間のごはんからの取り分けが可能です。なんでも食べられるように体を慣らしておけば、飼い主さんも、もしもの時でも安心ですね。

CHAPTER 2

たまねぎさんちの
犬ごはんの楽しみ方

CHAPTER2では、
たまねぎさんちが手作りごはんを始めたきっかけや
ごはんを作る際の楽しみ方、わんこたちが大好きなレシピなどを紹介しています。
毎日、家族や愛犬と楽しく過ごしているたまねぎさんちのコツを通じて
愛犬との日々をもっと充実させてみましょう！

たまねぎさんちの
犬ごはんの楽しみ方

私と手作りごはんの出合い

　出合いがあったのは、とても切羽詰まった状況下でした。ある日、くぅさんの肝臓の数値がとんでもないことになり、余命宣告を受けたのです。悲しみと絶望のどん底で見つけた私の思いは、「絶対に死なせない！　私が治す！」でした。

　その時いろいろと相談にのってくれた友人から「これを機にドッグフードから手作りごはんに切り替えてみませんか」とすすめられました。ちなみにその友人が、この本の監修をしてくださったtamakiさんです。

　「くぅさんの体によいことはなんだってやる！」　藁にもすがる思いで手作りごはんを始めました。今思えば、それがくぅさんの命を繋いだのではないかと思います。手作りごはんに変えてから、くぅさんの肝臓の数値はどんどんよくなり、数カ月後にはなんと、標準値まで戻ったのです……！

　毎日、愛犬のことを思いながらごはんを作っていた時に実感したのは、愛犬の体は「飼い主が与えるものでできている」ということ。手作りごはんとの出合いは、食について改めて考えるいい機会になりました。

紫色の野菜を入れたら、キレイな紫のごはん（P58）になりました。魔女が作るごはんみたいですよね。実は、おいもの味がおいしい一品なんです。みんなお利口に並んで食べてくれます。

りっくんは、ゆっくりよく噛みながら口周りも汚さず食べてくれますが、くぅさんとがっくんはバクバク食べるので口周りが汚れがち。食後は毎回、キレイに拭いてあげています。

旬の食材を大切に！

　我が家のごはんは、人用もわんこ用もできるだけ旬の食材を取り入れるようにしています。旬の食材には、その季節に体が必要とする成分や効能があります。夏野菜はカリウムを豊富に含み体の熱を冷ます効果が高く、冬野菜は体を温める効果が高いのです。太陽と大地の恵みをいっぱい受けて育った旬のものは、とてもおいしくて栄養価が高く、体が喜ぶのを感じます。

　ご近所さんからのお裾分けや、地元の農園さんから届く旬の野菜のあまりのおいしさに衝撃を受け、ついには庭に畑を作ってしまいました。トマトやピーマンなど作りやすい野菜を中心に育てています。普段は捨てられてしまうことが多い野菜の皮や根にも栄養がいっぱい！　細かく切って犬ごはんに有効活用しています。

　我が家のわんこたちは野菜が大好き！　なかでも、さつまいもとかぼちゃは別格。見た時に目から放たれるキラキラビームと高速しっぽブンブンは、見ているこちらまでうれしくなってしまいます。

　四季を通じて、さまざまな旬の食材を、わんこたちを含めた家族みんなで楽しみながら共有できるのは、本当に幸せなことだと感じています。

さつまいも
大好き！

キラキラビーム
発射！！

愛犬と一緒に旬の食材を楽しもう！

旬の食材は、新鮮でおいしくて栄養価も高いんだよ！
価格も比較的安くなるから、お財布にもやさしいよ！

秋

チンゲンサイ・かぶ・ごぼう・さといも・
さつまいも・柿・りんご・サンマ

冬

にんじん・れんこん・ほうれんそう・大根・
白菜・ブロッコリー・小松菜・ブリ・サバ

オクラ・トマト・きゅうり・とうもろこし・
パプリカ・かぼちゃ・モモ・スイカ・アジ

夏

キャベツ・レタス・セロリ・アスパラガス・
じゃがいも・イチゴ・カツオ

春

できるかぎり日々使う材料を変える

　犬ごはん作りは、人の食事の準備と同時進行しています。そのため同じ食材を使うことが多く、おそろいごはんになることも多々あります（味付けする前にわんこ用を取り分ける）。量が必要なたんぱく質には、お財布にやさしい鶏肉を使うことが多いです。豆腐などの植物性のたんぱく質を使うこともあります。

　毎日同じものを与えると、飽きてしまうのではないか？　アレルギーの原因になってしまうのではないか？　という心配もあるので、週に2回程度は豚肉や魚に変えたり、ごくたまにですが、鹿肉などのジビエを使うこともあります。

　あとは、なるべく体調や季節によって使う食材を変えています。夏なら体を冷やす馬肉や、冷やす傾向があるといわれている豚肉を。冬なら体を温める鶏肉や鹿肉、イワシなどを使っています。また、肉の切り方を変えて食感に変化をつけたり、味が単調にならないよう、ゆで汁に魚粉を入れたり、昆布出汁を使うことも。

　なぜこうした工夫をするのかというと、わんこたちの健康のためでもありますが、ただただ、わんこたちの喜ぶ顔が見たいから。食事の支度をしている最中に「今日はなぁに？」と、目をキラキラさせて覗き込んでくるわんこたちが、かわいくてかわいくてしょうがないのです。

> ## 馬肉・鹿肉のメリットと取り扱い
>
> 馬肉や鹿肉は、鶏ささみと同じくらい低カロリーかつたんぱく質が豊富なのが最大の特徴。鉄分やビタミン類も多く含まれています。低アレルゲンの食品といわれていますが、最初はなるべく火を通して、少量から与えてみましょう。

早く
食べたいです！

今日のごはんは
なんですか！？

ジビエは便利な定期便を使うことも

ペットさん定期便を利用したのは、新商品の試食
モニターのお声がけをいただいたことがきっかけ。
なかなか手に入らない、新鮮で栄養価の高い天然
完全無添加の鹿肉などを定期的に購入できる便利
さに驚きました。もうジビエ探しをしなくていい
んだとホッとしたのを覚えています。

ペットさん定期便　https://teiki.fore-ma.com/

イベント時にはちょっと豪華な犬ごはんを！

　イベントが大好きな我が家。お誕生日、日本古来の年中行事を始め、外国のイベントも家族みんなで盛り上げます。もちろんわんこたちも一緒です！

　季節を感じながらの行事食やイベント食も「作る」と「食べる」を楽しみます。お正月は人もわんこたちもおせちを食べて新しい年を祝います。ひな祭りごはんやお盆のおはぎ、ハロウィンのかぼちゃ料理などもすべてわんこたちとともに楽しんでいます。

　わんこたちの誕生日ケーキは孫娘がデザインを絵に描いて、それをもとに私が材料を決めて、孫たちと一緒に作ります。そばで目をキラキラさせているわんこたちは味見係。いつもよりもちょっぴり奮発したウマウマケーキにみんな大興奮！

　ケーキを作る際に大切なのは、お誕生日を迎えるわんこの好きな食材を入れること。そして、ちょっとだけほかのわんこよりも多くあげることです（笑）。

みんな「にこぷく堂パン店」さんが大好き！

にこぷく堂パン店さんは、我が家のわんこたち御用達の犬用パン専門店！自家製酵母で焼いたパンとおやつの販売をしていらっしゃいます。P74のハンバーガーに、にこぷく堂パン店さんのパンを使っています。注文はインスタとアメブロで不定期に受付しています。ぜひチェックしてみてください。

https://ameblo.jp/blanche-neige141/
Instagram @nicopuku.bakery

たまねぎさんちのお誕生日ケーキ

(材料)

にこぷく堂パン店の食パン、豆乳（無調整）、紫いも、かぼちゃ、じゃがいも、にんじん、イチゴ、ヨーグルト

(作り方)

1 前の晩に冷蔵庫でヨーグルトの水切りをしておく。

2 細かく切ったパンに豆乳を少し入れてやわらかくし、丸い形のケーキ土台を作る。

3 紫いも、かぼちゃ、じゃがいも、にんじんの皮をむいて、別々にやわらかくなるまでゆでる。

4 紫いも、かぼちゃ、じゃがいもを潰しそれぞれ小さめに丸める。

5 2の土台に1の水切りヨーグルトを塗り、その上に4を外側からキレイに並べて、食べやすい大きさに切ったイチゴを真ん中に置く。

6 3のにんじんをさいの目切りにし、5の側面をぐるっと1周デコレーションする。

おせち

(材料)

煮物————————にんじん、れんこん、ゴボウ、さといも、椎茸、鶏ムネ肉、ブロッコリー

タイの出汁煮--タイの刺身、昆布

なます————————大根、にんじん、もってのほか（干し菊）、酢

伊達巻————————卵、はんぺん　**きんとん**———さつまいも、紫いも

(作り方)

煮物——————カツオ出汁で、にんじん、れんこん、ゴボウ、さといも、椎茸、鶏ムネ肉、ブロッコリーをやわらかく煮て、火からおろし、冷めたら盛り付ける。

タイの出汁煮——ボウルに水と昆布を入れて一晩置き昆布出汁を作る。昆布出汁を昆布ごと鍋に入れ、沸騰する直前で昆布を取り出し、沸騰したらタイの刺身を入れ、再び沸騰したら火からおろし、冷めたら盛り付ける。

なます——————長さ約3cmの千切りにし、やわらかくなるまでゆでた大根とにんじん、水で戻したも

ってのほかを、ほんの少し酢を入れた水で和えて盛り付ける。

伊達巻——————フードプロセッサーでよく混ぜ合わせた卵とはんぺんをフライパンに流し入れて、弱火でゆっくり焼き、焼き上がったら巻きすで巻く。冷めたら巻きすから外し、輪切りにして盛り付ける。

きんとん————さつまいもと紫いもを別々にゆでてつぶし、1.5cm角の棒状にしたものを2本ずつ作る。交互に並べたら形を整え、約1cm幅に切って盛り付ける。

たまねぎさんちのお手軽テクニック!

　時短をそれほど意識しているわけではないですが、私たちのごはんを作る時、味付け前にわんこの分を取り分けることで手間を省いています。材料を細かくする作業は意外と時間がかかるので、フードプロセッサーを使うことが多いです。鶏ムネ肉などもフードプロセッサーでミンチにすると早く煮えるので時短になります。

　便利なのが、じゃがいも、かぼちゃ、にんじん、紫いも、青魚などを乾燥させた野菜フレークやパウダーです。少量のお湯で溶かしてペースト状にして使ったり、野菜のスープに少し混ぜたりしています。「今日は野菜の種類が足りないぞ」と思った時にちょっと足すこともできますし、かぼちゃのポタージュ風にしたいと思った時にかぼちゃフレークを豆乳でのばして使ったりもできます。じゃがいものフレークをビシソワーズ風やマッシュポテト風にしたり、紫いもをおやつのヨーグルトに混ぜたり。水分量を変えると、ペーストからポタージュ、スープまでいろいろ応用が利くのでとっても重宝しています!

あとはこんなものも使ってるよ!

□ 魚粉（トッピングして栄養価アップ!）
□ 乾燥カット野菜ミックス
□ 水煮のシーチキン（食塩不使用）
□ 冷凍うどん（食塩不使用）

ストックごはんも手軽でおすすめ！

　ストックごはんを始めたのは、入院した母の付き添いを私がすることになったからです。1食ごとに分けて冷凍しておけば、解凍するだけで犬ごはんができあがるので、家族誰でも簡単にわんこたちにごはんがあげられます。

　ストックごはんの作り方に定義はありません。最も簡単なストックごはんの作り方は、犬ごはんを多めに作り、1食分ずつ小分けして冷凍するという方法。ご飯やパンなどの炭水化物は水分を吸ってしまうため、別にして冷凍しています。

　ちょっと時間のある時や、旬の食材がいっぱい手に入った時などは、食材ごとにゆでたものを適当に組み合わせる、または、食材別に分けたものを保存袋に入れて冷凍しています。いろいろな種類の食材をストックしておくと、食材が足りてないかも……と思った時にプラスしたり、食材同士を組み合わせて使えたりと、とても便利です。

（ ストックごはんの作り方 ）

1　出汁を作る。
　　キノコ出汁‥‥‥舞茸や椎茸などを細かく切って、多めの水で煮る。
　　煮干し出汁‥‥‥煮干しを水に一晩浸けておく。
　　鶏出汁‥‥‥‥‥鶏肉をゆでて、ゆで汁ごと冷ます。
2　野菜を種類ごとにゆでる。電子レンジを使ってもOK。
3　魚や肉を種類ごとにゆでて、ゆで汁ごと冷ます。
4　材料別か材料を組み合わせたものを作って冷凍保管（材料を組み合わせるなら1食分に）。

冷凍の場合、1カ月ぐらいで食べきってね。
ぼくたちが食べる時は、P28を参考に少し
温めてくれるとうれしいな

たまねぎさんちのストックごはんはこんな感じ！

　ほんの一部ですが、我が家でストックしている出汁や食材を紹介します。炭水化物はパスタやうどんなどに替えてもOK。忙しい人こそ取り入れやすい方法だと思うので、ぜひやってみてください。

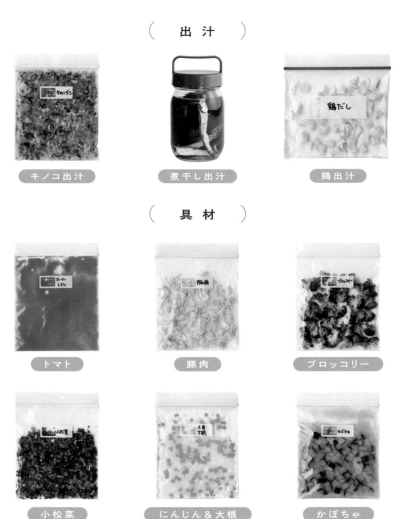

(出汁)

キノコ出汁　　煮干し出汁　　鶏出汁

(具材)

トマト　　豚肉　　ブロッコリー

小松菜　　にんじん＆大根　　かぼちゃ

（ 炭水化物 ）

押麦

玄米・キヌアなど

白ご飯

雑穀米

パン

このなかから
キノコ出汁・鶏出汁・
トマト・ブロッコリー・
かぼちゃ・白ご飯を混ぜて
少し煮たものがコレ！
おいしそうでしょ！

∥たまねぎさんちの∥
おたたなごはん

料理名の「おたたな」は「お魚」のこと。
もともと、孫娘が「お魚」をうまくいえず、
おたたな……といっていた姿がかわいくて!
そのまま料理名も「おたたなごはん」になりました。

(材料)

アジ
大根
小松菜
にんじん
ゴボウ
生姜
押麦入りご飯

(作り方)

1 野菜を食べやすい大きさに切る。
生姜はすりおろす。

2 アジの内臓と骨を取る（煮えてから
骨を取ってもOK）。

3 鍋に水と生姜を入れて沸騰したら、
2のアジを入れて煮る。

4 アジが煮えたら火を止め、煮汁を
別の鍋に移し、1の野菜を入れて
煮る。2で骨ごと煮た場合はここ
で骨を取る。

5 4の野菜が煮えたら、アジを混ぜ
て押麦入りご飯にかける。

Point 生姜は、合わない子もいるので、最初は少量から様子を
見て。慣れてきたら、目安として小型犬耳かき1杯分程
度、中型犬小さじ1/2程度、大型犬小さじ1程度は食事
に混ぜてもOK。

アジの内臓や骨を
取るのが面倒な時は、
圧力鍋で骨までやわらかくするか、
お刺身を使うと簡単だよ!

郵便はがき

1 0 4 - 8 0 1 1

おそれいりますが
切手をお貼り
下さい

東京都中央区築地

5－3－2

株式会社
朝日新聞出版
生活・文化編集部 行

ご住所　〒		
電話　（　　　）		
ふりがな お名前		
Eメールアドレス		
ご職業	年齢　　歳	性別

このたびは本書をご購読いただきありがとうございます。
今後の企画の参考にさせていただきますので、ご記入のうえ、ご返送下さい。
お送りいただいた方の中から抽選で毎月10名様に図書カードを差し上げます。
当選の発表は、発送をもってかえさせていただきます。

愛読者カード

本のタイトル

お買い求めになった動機は何ですか？（複数回答可）
1. タイトルにひかれて　　2. デザインが気に入ったから
3. 内容が良さそうだから　4. 人にすすめられて
5. 新聞・雑誌の広告で（掲載紙誌名　　　　　　　　　　　）
6. その他（　　　　　　　　　　　　　　　　　　　　　）

表紙　1. 良い　　2. ふつう　　3. 良くない
定価　1. 安い　　2. ふつう　　3. 高い

最近関心を持っていること、お読みになりたい本は？

本書に対するご意見・ご感想をお聞かせください

ご感想を広告等、書籍のPRに使わせていただいてもよろしいですか？
1. 実名で可　　2. 匿名で可　　3. 不可

\たまねぎさんちの/
雪の女王ごはん

我が家は、無調整の豆乳を使っていますが、
たまーに豆乳の代わりにヤギミルクを使うことも。
低アレルゲンかつ甘い独特な香りがするので、
わんこの食いつきがよくなります。

オートミールがない！
という時は、
ご飯に替えても大丈夫

（ 材料 ）

サケの切り身
豆乳（無調整）
A｜カリフラワー
　｜かぶ
　｜じゃがいも
　｜しめじ
オートミール
ブロッコリースプラウト

（ 作り方 ）

1 サケを食べやすい大きさに切る。

2 鍋に食べやすい大きさに切った
　 Aの材料を入れ、ひたひたになる
　 くらいまで水を入れて煮る。

3 2が煮えたら、1のサケとオー
　 トミールを入れて煮る。

4 3が煮えたら、豆乳を入れてさっ
　 と火を通す。

5 4に短く切ったブロッコリース
　 プラウトをのせる。

Point　豆乳の目安は1食分なら小型犬50㎖、中型
　　　　犬70㎖、大型犬100㎖くらい。1日2食を食
　　　　べる子ならこの倍の量くらいまでなら大丈夫。
　　　　下痢が続くようなら、ヤギミルクや水などに
　　　　替えるといいです。

\ たまねぎさんちの /
魔女ごはん

紫いもと紫キャベツを使うと
びっくりするくらい紫色のごはんになります。
魔女が作りそうな色合いのごはんだな、と思ったことから、
「魔女ごはん」と命名しました。
少しびっくりな見た目だけど、
わんこたちの食いつきは抜群です！

(材料)

馬肉
木綿豆腐
A｜紫キャベツ
　｜紫いも
　｜大根
　｜大根葉
　｜きゅうり
　｜しめじ
ご飯

(作り方)

1 材料を食べやすい大きさに切る。

2 鍋にAの材料を入れ、ひたひたになるくらい
　まで水を入れて煮る。

3 2の材料が煮えたら、馬肉、木綿豆腐の順に
　鍋に入れ、アクを取りながら肉に火が通るま
　で煮る。

4 3をご飯にかける。

Point 捨ててしまいがちな大根葉は、とても栄養がたっぷり！ 立派な緑黄
色野菜のひとつなんです。ぜひ、犬ごはんで活用してみて。木綿豆腐
は一緒に煮ても、あとからトッピングでも大丈夫！

ぼくたちはごはんの
見た目は気にしないよ♪

人用を作る時に味付けすれば、
ぼくたちとおそろい
ごはんを楽しめるよ！

たまねぎさんちの
オムライス

トマトソースの量は、
野菜の量に合わせて調節してください。
我が家の1わんこの場合のトマトソースの量は、
小トマト1個＋バジル1枚にオリーブオイルを
少しだけ入れる……という感じ。
トマトとバジルを刻むのが面倒なら、
フードプロセッサーを使うと簡単です。
トマトソースは余ったら冷凍しています。

（ 材料 ）

鶏ひき肉
卵
ブロッコリー
ピーマン
にんじん
椎茸
トマトソース
（トマト＋バ
ジル＋オリー
ブオイル）
オリーブ
オイル
ご飯
りんご

（ 作り方 ）

1 鍋に細かく刻んだトマトとバジルを入れて
煮込み、オリーブオイルを少し垂らして、
トマトソースを作る。

2 鍋でブロッコリーをやわらかくなるまでゆ
でて、小房に分ける。

3 ピーマン、にんじん、椎茸をみじん切りに
する。

4 フライパンに少量のオリーブオイルを引い
て、3と鶏ひき肉を炒め、火が通ったら、
ご飯を入れて混ぜ合わせる。

5 薄焼き卵を作って4を包み、お皿に移す。

6 5に1のトマトソースをかける。

7 6に2のブロッコリーとうさぎ形に切っ
たりんごを添える。

Point 油類はカロリーが高いので少量入れるぐらいでOK。

とろみはわんこの好みに
合わせてね！

たまねぎさんちの

麻婆飯

実際の中華の麻婆豆腐には、
豆板醤や甜麺醤といった調味料が入りますよね。
わんこには調味料はいらないので、
トマトの水煮缶を使用することで
麻婆のように見せている、なんちゃって麻婆飯です。

(材料)

木綿豆腐
鶏ひき肉
いんげん
椎茸
トマトの水煮缶
片栗粉
玄米ご飯

(作り方)

1 木綿豆腐といんげんを食べやすい大き
　さに切り、椎茸をみじん切りにする。

2 フライパンにトマトの水煮缶を汁ごと
　入れ、1 の材料と鶏ひき肉を煮る。

3 2 に水溶き片栗粉を加えてとろみを
　つける。

4 3 を玄米ご飯にかける。

Point　トマトの水煮缶は食塩不使用のものを使用すること。できれば
保存料や化学調味料などの添加物も入っていないものにしまし
ょう。食塩不使用のトマトピューレを使ってもOKです。

たまねぎさんちの
納豆チャーハン

普通の小粒納豆を刻むのが
ちょっと面倒なので、我が家では、
ひきわり納豆をそのままあげています。
私は、どうしてもわんこのお口の毛が
ベタベタになるのがイヤなので、
納豆は水で洗ってから使っています。
口周りの毛が短い子や
上手に食べられる子にあげる場合は、
洗わずに使ったほうが
栄養満点のごはんになりますよ！

（ 材料 ）

ひきわり納豆
シラス
にんじん
アスパラガス
椎茸
ごま油
雑穀米
大葉

（ 作り方 ）

1 シラスは水に浸けて塩を抜いておく（熱湯でサッとゆでるだけでもOK）。

2 にんじん、アスパラガス、椎茸を食べやすい大きさに切る。

3 ひきわり納豆を洗う（洗わなくてもOK）。

4 フライパンに少量のごま油を引いて、水気を切った 1 のシラスを炒め、2 の材料と雑穀米を入れて火が通るまで炒める。

5 4 の粗熱が取れたら、3 の納豆を入れて混ぜ合わせる。

6 5 に千切りにした大葉をのせる。

Point　納豆のネバネバ部分に含まれるたんぱく質分解酵素のことをナットウキナーゼといいます。ナットウキナーゼは熱に弱いので、粗熱が取れてから混ぜるようにしましょう。

食べたあとは、
口周りを拭いてくれると
うれしいな！

芋煮うどん

わんこによって食べやすいうどんの長さや太さは異なります。
食べやすい大きさに切ってあげてください。
たとえば、我が家だと
くぅさんとがっくんは長くても太くても大丈夫でしたが、
りっくんは細かくしないと食べられませんでした。
わんこによって好みの大きさが違うので、
食べ方を見ながら好みのサイズを探してみてくださいね。

(材料)   (作り方)

牛肉（赤身）
ゴボウ
さといも
小松菜
しめじ
舞茸
うどん

1　材料を食べやすい大きさに切る。

2　鍋でゴボウをやわらかくなるまでゆでる。

3　2にさといも、小松菜、しめじ、舞茸を
　　入れて煮る。

4　3に牛肉とうどんを入れて、火が通るま
　　で煮る。

Point　「ほうとう」や「ひもかわうどん」のよ
　　　　うな、幅のあるものは、長さだけでなく
　　　　幅も考えて切ってあげるといいです。

うどんが乾麺の場合は、
パキパキと食べやすい
長さに折ってから
ゆでるといいよ！

∥たまねぎさんちの∥

親子丼

材料の鶏ムネ肉の皮は、
カロリーが高いので外して使っています。
今回のレシピでは、水に魚粉を入れていますが、
水に昆布と煮干しを入れて一晩冷蔵庫において作る
水出汁という出汁を使うこともあります。

(材料)　　(作り方)

鶏ムネ肉　　**1** 鶏ムネ肉の皮を外し、食べやすい大きさ
卵　　　　　　　に切る。

にんじん　　**2** 野菜、舞茸を食べやすい大きさに切る。

かぶ

舞茸　　　　**3** 鍋に **1** と **2** を入れ、ひたひたになるく
　　　　　　　　らいまで水を入れ、魚粉を加えて煮る。
魚粉

ご飯　　　　**4** **3** を卵でとじる。

のり　　　　**5** ご飯に **4** をのせる。

ブロッコリー **6** **5** に刻んだのりと短く切ったブロッコ
スプラウト　　　リースプラウトをのせる。

鶏ムネ肉を鶏ささみに
替えてもOKだよ！

たまねぎさんちの

スパゲッティナポリタン

P66のうどんと同様、我が家のわんこたちは、
大型犬なのでスパゲッティ（パスタ）の太さは特に気にしていません。
スパゲッティをゆでる時には塩を入れず、
アルデンテよりもやわらかめにゆでることを意識しています。
また、食べやすい長さに折ってから鍋に入れるようにしています。

(材料)

鶏ささみ
アスパラガス
ピーマン
マッシュルーム
オリーブオイル
トマトの水煮缶
スパゲッティ
粉チーズ
バジル
（あれば）

(作り方)

1 鶏ささみ、アスパラガス、マッシュルームを食べやすい大きさに切り、ピーマンをみじん切りにする。

2 スパゲッティを食べやすい長さに折って、鍋でゆでる。

3 フライパンに少量のオリーブオイルを引いて、1 を炒める。

4 3 にトマトの水煮缶を汁ごと入れ、火を通しながら 2 のスパゲティを加えて和える。

5 に粉チーズをかける。あればバジルをのせる。

人用の粉チーズは、
ぼくたちにとって塩分
が多すぎる可能性も。
ちょっとかける
ぐらいでいいよ！

Point 植物性油脂には、必須脂肪酸が豊富に含まれています。オリーブ
オイル、亜麻仁油、えごま油、ごま油など質のよいオイルを取り
入れましょう。

\\ たまねぎさんちの //

唐揚げ定食

レシピのカツオ出汁は水出しで作る自家製です。
水にカツオ節を入れて、冷蔵庫で一晩おいたら完成。
鶏肉をカツオ出汁に漬けておくと粉がつきやすいのでおすすめです。
水でもいいのですが、少しお魚の香りがしたほうが
おいしそうな気がするので出汁を使っています。
米油を使う理由は、抗酸化作用があって酸化しにくく、
加熱に強いから。あと、おいしそうに焼けるからです!

(材料)

鶏ムネ肉
キャベツ
かぼちゃ
トマト
米油
カツオ出汁
片栗粉
小麦粉
ご飯

(作り方)

1 鶏ムネ肉の皮を外し、食べやすい大きさに切り、カツオ出汁を入れたビニール袋に漬け込む。カツオ出汁が肉に絡む程度でOK。

2 短い千切りにしたキャベツと、食べやすい大きさに切ったかぼちゃをやわらかくなるまでゆでる。

3 トマトを食べやすい大きさに切る。

4 1の鶏ムネ肉に少量の米油をかけ、片栗粉と小麦粉をつけたら、アルミホイルを敷いたオーブントースターでキツネ色になるまで焼く。

5 4にご飯、2、3を添える。

Point
揚げ物など高温調理に向いているのは米油やオリーブオイル。
熱に弱く酸化しやすい亜麻仁油やえごま油は加熱調理に向いていないので、トッピングとして使ってください。

今回の唐揚げ定食は、かわいく
三角おむすびにしてみたけど、
普通に盛り付けるだけでもOK!

たまねぎさんちの

ハンバーガー

ハンバーガーは完成系がかわいいのですが、
小型犬の場合は、食べやすい大きさに
切ってあげてくださいね。
中型犬や大型犬だと、そのままの大きさで
大丈夫なわんこもいますが、
一気に食べると丸のみして喉に詰まる危険性もあるので、
飼い主さんがしっかり手に持った状態から、
わんこがかじるように与えてもいいですよ。

(材料)

合いびき肉
卵
レタス
トマト
じゃがいも
米油
片栗粉
犬用パン

(作り方)

1 ボウルに合いびき肉、卵と片栗粉を入れてよく練ったら、平たい楕円形に形を整える。

2 フライパンに少量の米油を引いて、1を火が通るまで焼く。

3 レタスとトマトを食べやすい大きさに切る。

4 犬用パンに 2 のハンバーグと 3 のレタス、トマトをサンドしてハンバーガーにする。

5 じゃがいもをよく洗い、皮をつけたまま食べやすい大きさに切る。ふんわりラップでくるみ、5分くらい電子レンジで加熱する。少し硬めでもOK。

6 アルミホイルを敷いたオーブントースターで、5 のじゃがいもの表面をカリッと焼いたら、4 のハンバーガーに添える。

ここで使っているパンは、
P48で紹介した
にこぷく堂パン店さんのパン！
うまうま……

＼ たまねぎさんちの ／

シュ旨い（シュウマイ）ごはん

我が家の蒸し器は、鍋が2つ重なっていて、
下の鍋に水を入れて上の鍋で蒸すという一般的なものです。
自宅でこのレシピを作る時は、
下の鍋に入れた水が沸騰したら、
上鍋にシュ旨い（シュウマイ）をのせて
12分くらい蒸しています。
粗熱を取る時はラップをかけて、
皮がカピカピにならないようにしています！

（ 材料 ）

鶏ひき肉
卵
グリーンピース
ブロッコリー
トマト
椎茸
生姜
片栗粉
魚粉
シュウマイの皮
ご飯

（ 作り方 ）

1 椎茸、生姜をみじん切りにする。

2 ボウルに、1と鶏ひき肉、片栗粉を入れてよく混ぜ合わせる。

3 2をシュウマイの皮で包み、グリーンピースをのせる。

4 3を蒸し器で蒸したら、お皿に移してラップをかけて粗熱を取る。

5 鍋でブロッコリーをやわらかくなるまでゆでて、小房に分ける。

6 トマトを食べやすい大きさに切る。

7 卵に魚粉を少し入れて、卵焼きを作る。

8 4、にご飯、5、6、7を添える。

ご飯はかわいく俵型にして
ごまもふってみたよ！
シュ旨いも小型犬なら
小さめに崩してあげてね！

CHAPTER 3

目的別
体いたわり
レシピ

愛犬の健康的な体作りのために、
手作りごはんを取り入れてみませんか。
監修のtamakiさんと一緒に考えた
悩みや症状別におすすめの食材、レシピを紹介します。
ただし、飼い主さんの自己判断だけで、
病気の子の食事療法を行うのは危険です。
必ず手作りごはんのことがわかる
獣医師と相談したうえで、
このレシピを参考にしてくださいね。

手作りごはんで
不調を予防＆改善しよう！

　　毎日のごはんが愛犬の体を作ります。がんや心臓病といった病気そのものを治療できるわけではないものの、ちょっとした不調は手作りごはんで解決できることもありますし、病気になりにくい体を作ることができます。

　　もちろん、薬やサプリに頼るのもひとつの方法ですが、臨機応変に材料や作り方を変えられる手作りごはんなら、愛犬の不調や悩みに応じた対処をすることができます。人間でも高血圧の人には塩分が少ない食事、肥満気味の人には低カロリーの食事、高齢者には食べやすい食事を作るなど、工夫しますよね。体調に合わせたごはんの考え方も同じです。ぜひ、愛犬の様子をよく見ながらごはんを作ってあげてくださいね。

　　もし、不調が続いたり、病気の兆候があったりする場合は、必ず獣医師に相談しましょう。持病がある子は、食べさせていいものやNG食材などについて、手作りごはんのことがわかる獣医師にあらかじめ相談してから始めると安心です。

体調に合わせたごはんを作る時の**3**STEP

STEP **1**

愛犬の不調を見逃さない

P82〜87を参考に、排尿・排便に異常がある、皮膚がカサカサ乾燥しているなど、ちょっとした愛犬の不調のサインを見逃さないようにしましょう。初期の段階なら食事で改善できることもあります

STEP **2**

食材の特性を理解する

P88から不調の予防や改善に役立つ栄養素と効果、おすすめ食材とレシピを紹介しています。複数の材料を組み合わせ、栄養素の相乗効果のあるごはんを作りましょう

STEP **3**

おすすめ食材を何日間か与えてみる

数日間〜1週間程度、おすすめ食材を使ったごはんを与えてみましょう。気になる症状が続く、または悪化するようなら獣医師に相談を

不調改善には、実は絶食が効果的!?

最近は人のファスティング（絶食）が流行っていますが、1日前後の短期間の絶食は、犬にも効果的です。特に下痢など症状が続く子に有効です。動物は安静時でも体を維持するためにエネルギーが必要です。食べ物を消化するためには、消化液を分泌したり、消化器官を動かしたりと、さらにエネルギーが必要になります。たまに1日程度断食させると、消化器官を休ませつつ、回復にエネルギーを回すことができるのです。脱水症状を起こさないよう、絶食時でも必ず水分を摂らせるようにしてくださいね。

愛犬のコンディション チェック ①

愛犬の排泄物を毎日チェック！

　毎日の排尿・排便の状態は愛犬の健康のバロメーターになります。特に便（ウンチ）の形状や量は毎日チェックするようにしてください。右図のTYPE①・②のウンチは便秘の状態、TYPE⑥・⑦は下痢、③〜⑤の形状なら大丈夫ですが、④のウンチが一番理想的です。食事の量や内容を変えていないのに、形状が変わる、ウンチの量が減る（増える）なら、何かしら異常が起きているということです。

お尻周り

- ☐ お尻を地面にこすりつけたり、舐めたりしている
- ☐ 肛門が腫れたり、痛がったりしている
- ☐ 肛門の周りが汚れていたり、毛が変色したりしている
- ☐ 肛門の周りにしこりができている
- ☐ おりものが出ている（メス）
- ☐ 睾丸の大きさが左右で違う（未去勢オス）

排尿

- ☐ 尿の色（血尿）、量、回数
- ☐ 尿の色が濃かったり、濁っていたり、臭いがきつくなったりしている
- ☐ 何度もトイレに行く
- ☐ 尿が出にくい
- ☐ 尿にキラキラ光るものが混ざっている

排　便

☐ 便の形、色（血便）、臭い

☐ 1日の排便回数や量

☐ 便秘や下痢

☐ 便に粘膜が出ている

☐ 便に寄生虫や異物が混ざっている

☐ 便が排泄できない状態になっている

ウンチのチェックは、ぼくたちの健康状態を確認できる一番簡単な方法だよ！

＼ TYPE④の形状が理想的！ ／

TYPE①
コロコロ便

うさぎのウンチのような、小さくコロコロした便

TYPE②
硬い便

水分量が少なく、コロコロした便が繋がったような便

TYPE③
少し硬い便

水分量が少なく、ひび割れが入ったような便

TYPE④
普通便

表面がなめらかで適度にやわらかい。バナナぐらいの硬さの便

TYPE⑤
少しやわらかい便

形はあるが、水分が多くつまめないぐらいの便

TYPE⑥
泥状便

形のない泥のような便

TYPE⑦
水状便

固形物を含まない、ほぼ水のような便

愛犬のコンディション
チェック②

愛犬の顔周りや呼吸も確認する

　手作りごはんを始めると、食材の水分が多いため、体内にたまっていた毒素が排出されて排尿・排便の状態が変わったり、目やにや鼻水などの症状が出ることがあります。一時的ならそこまで心配する必要はありませんが、元気がなかったり以下のような症状がある場合は病院へ。

☐ 赤くなったり、ベタベタしたり、カサカサ乾燥したりしている
☐ 臭いがある
☐ 耳に傷ができていたり、腫れたりしている
☐ 耳をふったり、掻いたりしている

☐ 目やにが出ている
☐ 涙が多くなったり、涙やけができたりしている
☐ 目をショボショボさせたり、目がとろんとなったりしている
☐ 目をこすったり、何かにこすりつけたり、掻いたりしている
☐ 眼球や黒目、白目の色
　（黒目が白っぽい、白目が充血・黄色っぽい・茶色い　など）
☐ まぶたが腫れたり、できものができたりしている
☐ 痛がっている

鼻

- ☐ 鼻水が多い（ネバネバした黄緑色　など）
- ☐ 鼻血が出ている
- ☐ 何度もくしゃみをしている
- ☐ 乾燥してツヤがない

口

- ☐ 口臭がしたり、臭いのあるヨダレが出たりしている
- ☐ 歯茎と舌が青黒い（キレイなピンク色が望ましい）
- ☐ 歯に歯垢や歯石がついている
- ☐ ヨダレが多い
- ☐ ごはんを食べにくそうにしたり、食欲が落ちたりしている

呼吸

- ☐ 咳が出ている
- ☐ 呼吸をする時に音が出ている（ヒューヒュー・ゼーゼー・ガーガー　など）
- ☐ 呼吸の仕方がいつもと違う（呼吸が浅い・荒い・苦しそう　など）
- ☐ 運動、興奮、高気温以外で、口を開けてハァハァしている

普段からぼくたちの
様子を観察してね！

愛犬のコンディション
チェック ❸

体全体のチェックも欠かさずに!

　皮膚や関節の不調は目に見えるためわかりやすいです。下記のような症状が起きる原因はさまざまですが、突然の食欲不振には要注意。2日程度続くようなら、歯周病やなんらかの病気の可能性も考えられます。普段からきちんと歯磨きや散歩を通じて健康な体作りをしながら、手作りごはんで不調の予防にも取り組んでみましょう。

体

☐ 元気がない、疲れやすい

☐ 体温が高すぎる、または低すぎる（正常体温37.5〜39℃）

☐ 肉球がつめたい

☐ 食欲不振、または異常な食欲がある

☐ 水を大量に飲む

☐ 急に痩せた、または太った

☐ 体を触ると痛がったり、イヤがったりする

☐ お腹が膨らんでいる

☐ しこりやイボがある

☐ 出血したり、膿が出たりしている

☐ 運動や散歩をイヤがったり、
　散歩の途中で座り込んだりする

☐ 歩くのをイヤがったり、歩くのが遅くなったりしている

☐ びっこを引くなど、歩き方が不自然

☐ 散歩中に座り込む

☐ 上げたままにしている足がある

☐ 階段の上り下りをイヤがる

☐ 足に触ると痛がったり、イヤがったりする

☐ 足を舐めている

☐ 以前より遊ばなくなったり、内向的になったりしている

皮膚・被毛

☐ 体臭がきつくなった

☐ 被毛がパサついている

☐ フケが出ている

☐ 被毛や皮膚が脂っぽい

☐ 体を掻いたり舐めたりしている

☐ 皮膚の色がおかしい
（赤・赤紫・青紫・黄色　など）

☐ 湿疹がある

☐ 脱毛している

次ページから
悩み別に紹介している
おすすめ食材やレシピを
取り入れてみて！

血行をよくするレシピ

肉球がつめたい　病気になりやすい　耳がカサカサ乾燥している　舌が青黒い

血行が悪いとまず老廃物がうまく出せなくなります。老廃物がたまると、犬の病気を引き起こす一因になりかねません。

血液は、酸素や栄養素、熱を細胞に運び、一方で、二酸化炭素や老廃物などを回収する役割があります。

また、体内に侵入した悪い細菌などを殺菌する働きや体温調節といった働きも担っています。

つまり、愛犬が健康で長生きするためには、血液が体内のすみずみまできちんと巡っていることがとても大切。

血行がよくなると、さまざまな体調不良が改善される可能性が高いのです。

血行をよくしてくれる食材

肉球つめたい……

栄養素	効果	おすすめ食材
EPA・DHA	血液をサラサラにする、中性脂肪値を下げる、動脈硬化を予防	サケ、サバ、イワシ、サンマ、ブリ、マグロ、ちりめんじゃこ
ビタミンE	血行をよくする、動脈硬化を予防	かぼちゃ、モロヘイヤ、大葉、ほうれんそう、春菊、大豆、うなぎ、卵黄、植物油
ビタミンC	抗酸化作用が高い	パプリカ、ブロッコリー、ピーマン、豆苗、ゴーヤ、パセリ、かぼちゃ、じゃがいも、トマト、白菜、大根
ビタミンP※	毛細血管を強くする	オレンジ、レモン、ミカンなどの柑橘類、りんご、トマト、かぶ、レタス、にんにく
食物繊維	血液中のコレステロールを排出	さつまいも、ゴボウ、セロリ、キャベツ、オクラ、海藻類、キノコ類、大麦

※ビタミンPはビタミンではなく、フラボノイド（色素）の総称でビタミン様物質と呼ばれ、ビタミンCと一緒に摂ると効果UP

サケのホイル焼き

サケにはEPAが豊富に含まれています。EPAには体内の免疫反応を調整する効果、高血圧や動脈硬化の予防・改善にも効果があります。それにともない脳の老化や心臓病の予防も期待できます。

(材料)

サケの切り身
キャベツ
かぼちゃ
しめじ
エノキ
柚子（あれば）
ごま油
みそ
ブロッコリー
スプラウト

(作り方)

1 キャベツとかぼちゃを短い細切り、しめじとエノキをみじん切りにする。

2 アルミホイルにごま油を塗り、1のキャベツとかぼちゃを敷き、サケをのせる（サケの小骨は取る）。

3 みそと絞った柚子果汁を混ぜ、2のサケに塗る。

4 3に1のしめじとエノキをのせ、ホイルで包み、220℃に余熱したオーブンで15〜20分焼く（オーブントースターやグリルで焼く時は、焦げないように時折確認する）。

5 4に短く切ったブロッコリースプラウトをのせる。

Point

魚の皮と身の間にある脂は、血液をサラサラにする作用があるので、皮付きで与えてあげて。みそは種類により塩分量が異なりますが、体重5kgの子なら1日の量は小さじ1杯弱程度が目安です。

腎臓ケアレシピ

食欲不振 排泄ができない 体調不良になりやすい

腎臓には血液をろ過し、老廃物や毒素、余分な水分を尿として体外に排泄する機能があります。

心臓や腸、骨など体のさまざまな器官と深く関わっているため、この機能が低下すると老廃物がうまく排泄できなくなり、排泄を担う腎臓への負担とともに、体のあちこちに影響を及ぼします。

腎臓がしっかり働くためには、こまめな水分補給と、利尿作用のある食材を摂取することで排泄をしやすくすることが大切です。

スープ系のごはんがおすすめですが、チャーハンなどのご飯メインの食事に水や出汁などの水分をたっぷりかけるといったことも効果的です。

最近体調がよくないなぁ

腎臓をケアしてくれる食材

栄養素	効果	おすすめ食材
カリウム	利尿作用	パセリ、ほうれんそう、モロヘイヤ、大葉、納豆、大豆、小豆、やまいも、さといも、さつまいも、冬瓜、昆布、ワカメ、ひじき、青のり
ビタミンA・βカロテン	粘膜の健康を維持、抗酸化作用	大葉、モロヘイヤ、にんじん、ほうれんそう、春菊、かぼちゃ、小松菜
ビタミンB群	糖質・脂質・アミノ酸の代謝、老廃物の代謝を促す	レバー、肉、魚介類、穀物、緑色の野菜
ビタミンC	抗酸化作用が高い、免疫機能を整える	パプリカ、ブロッコリー、ピーマン、豆苗、ゴーヤ、パセリ、モロヘイヤ、かぼちゃ、じゃがいも、トマト、白菜、大根
EPA・DHA	血行をよくする、動脈硬化を予防	サバ、イワシ、サンマ、ブリ、マグロ、サケ、ちりめんじゃこ

冬瓜と鶏団子のスープ

利尿作用のある冬瓜は、体内の水分バランスを整えてくれる食材です。すりおろしたやまいもを入れた鶏団子は、やわらかいので消化吸収もよくなり、胃にもやさしい。ぜひ取り入れてみて。

(材料)　(作り方)

鶏ムネのひき肉
冬瓜
やまいも
ミニトマト
オクラ
椎茸
生姜
出汁
葛粉

1 冬瓜の皮をむき、スプーンで種とワタを取り、食べやすい大きさに切る。

2 鶏ムネのひき肉に、みじん切りにした椎茸とすりおろしたやまいもを加えてよく混ぜ合わせ、食べやすい大きさに丸める。

3 鍋に 1 の冬瓜、すりおろした生姜を入れ、ひたひたになるくらいまで出汁を入れて煮る。

4 3 が煮立ったら 2 の鶏団子を入れ、煮えたら水溶き葛粉でとろみをつける。

5 湯むきしたミニトマトを食べやすい大きさに切る。さっとゆでたオクラをスライスする。

6 4 の鶏団子スープに 5 のミニトマトとオクラを入れる。

Point　葛粉は本葛粉を選ぶようにしましょう。原材料表示を見て、「葛」のみを使用しているかチェックしてくださいね。

胃腸ケアレシピ

食欲不振　嘔吐　下痢

お腹が
イタイ！

　胃腸の調子が悪い時は、嘔吐や下痢がわかりやすい症状ですが、ほかに食欲不振やおなら、ゲップ、お腹がずっと鳴っている……なども不調のサインです。

　症状が軽く、元気で食欲もある場合は、胃腸が働きすぎているのが原因かもしれません。

　消化しやすく、胃にやさしいご

はんで調子を整えてあげるのがおすすめです。1日など短い期間で絶食をして胃や腸を休ませるのも効果的（P81）。消化不良が原因の場合は、1日程度で、もとのウンチの形状に戻ります。下痢や嘔吐の症状が続くようなら、出したものをビニール袋に入れて病院に持っていくといいですよ。

胃腸をケアしてくれる食材

栄養素	効果	おすすめ食材
ムチレージ	胃腸の粘膜を保護し、うるおす	オクラ、やまいも、さといも、モロヘイヤ、れんこん、納豆
ビタミンU	胃腸の粘膜を修復	キャベツ、レタス、パセリ、セロリ、アスパラガス、ブロッコリー、青のり
食物繊維	腸内環境を整える	根菜、海藻類、キノコ類、かぼちゃ、大麦、寒天
ビタミンA・βカロテン	皮膚や粘膜の健康を維持	大葉、モロヘイヤ、にんじん、ほうれんそう、春菊、かぼちゃ、小松菜
良質のたんぱく質	胃粘膜の材料となる	鶏ささみなど脂肪の少ない肉、タラ、カレイ、ヒラメ、サケといった白身魚、豆腐、豆乳、卵
亜鉛	細胞の新陳代謝、傷の回復を促す	カキ、レバー、牛肉、卵、煮干し、大豆、ごま、のり

サケの豆乳スープ

内臓を温めるサケと体をうるおす働きを持つ豆乳で、
胃や腸を整えます。胃や腸の粘膜を保護するブロッコ
リーや、腸内環境を整える野菜を使ったお腹にやさし
いスープです。

(材料)

サケの切り身
じゃがいも
大根
にんじん
白菜
ブロッコリー
豆乳
みそ
葛粉

Point

(作り方)

1 じゃがいも、大根、にんじん、白菜、小骨を取ったサケを食べ
やすい大きさに切る。鍋でブロッコリーをやわらかくなるまで
ゆでて、小房に分ける。

2 鍋にじゃがいも、大根、にんじんを入れ、ひたひたになるくら
いまで水を入れて煮る。

3 2が煮えたら、白菜とサケを入れて煮る。

4 3が煮えたら、豆乳を入れ、みそを加えて溶かし、水溶き葛粉
でとろみをつける。

5 4にブロッコリーを加えて煮る。

豆乳とみそを入れたら煮立てないように注意。また、両方とも少量でOK。

皮膚ケアレシピ

皮膚トラブル　血行不良　排出できない

　皮膚が赤くなる、かゆみや湿疹、皮膚や毛がベタベタする、フケや脱毛、臭いがするなど、皮膚トラブルにはさまざまな症状と原因があります。

　ただ、皮膚トラブルといっても、体の排出機能がうまく働かず、体内にたまった老廃物を毛穴、耳、目など体の穴から排出しようとした結果、症状があらわれている場合もあります。老廃物を尿で排泄しやすいよう水分量の多い食事にしたり、血行をよくして排出機能を高めたり（P88）、美肌効果のある栄養素を摂ったりしましょう。

　血行をよくするためには、適度な運動も必要です。毎日の散歩を欠かさず行うように。

お肌の
調子が悪いな

皮膚をケアしてくれる食材

栄養素	効果	おすすめ食材
たんぱく質	皮膚の細胞を作る原料になる	鶏ムネ肉、鶏ささみ、牛・豚モモ肉、ヒレ肉、サバ、イワシ、アジ、マグロ、カツオ、サケ
ビオチン	皮膚や粘膜の健康状態を保つコラーゲンの生成を助ける	レバー、豚肉、卵、舞茸、椎茸、バジル
ビタミンA・βカロテン	皮膚や粘膜の健康を維持	大葉、モロヘイヤ、にんじん、ほうれんそう、春菊、かぼちゃ、小松菜
ビタミンB₂	皮膚のターンオーバーを促す、皮膚炎を予防	レバー、青魚、卵、納豆、ブロッコリー
ビタミンB₆	皮膚のターンオーバーを促す、皮膚や粘膜の健康を維持する	レバー、マグロ、カツオ、イワシ、サケ、鶏肉、卵、納豆、のり、バナナ
ビタミンC	コラーゲンの合成を助ける	パプリカ、ブロッコリー、ピーマン、豆苗
食物繊維	腸内細菌のエサになり、腸内環境を整える	根菜、海藻類、キノコ類、大麦

サバ缶のあら汁

効率よくたんぱく質を摂取できるサバは、ビタミンB群も豊富に含み、皮膚や粘膜を健やかに保つほか、血行をよくするEPAも豊富。サバに足りないビタミンCと食物繊維を補えば、さらに美肌効果UP！

(材料)

サバ水煮缶
（食塩不使用）

木綿豆腐

大根

にんじん

白菜

舞茸

生姜

出汁

ご飯

(作り方)

1 大根、にんじん、白菜、木綿豆腐を食べやすい大きさに切り、舞茸をみじん切りにする。

2 鍋に1の大根、にんじん、舞茸を入れ、ひたひたになるくらいまで出汁を入れて煮る。

3 2が沸騰したら、白菜を入れて煮る。

4 3の野菜が煮えたら、サバ水煮缶を汁ごと入れ、食べやすい大きさにほぐす。

5 4に1の木綿豆腐、すりおろした生姜を入れ、煮立つ前に火を止める。

6 5をご飯にかける。

Point　サバ缶に含まれるEPAは煮汁に溶けているので、汁ごと使いましょう。食塩不使用の水煮缶であれば、塩分が気にならず安心して使えます。ペット用も販売されていますよ。

肝臓ケアレシピ

食欲不振　元気がない　嘔吐　下痢

ごはん
いらない！

　肝臓は体内の毒素や有害な物質を分解し無毒化、栄養分を体の各器官が吸収しやすいよう変化させる臓器。

　さらには、エネルギー源となるブドウ糖をグリコーゲンの形で蓄えるほか、中性脂肪、ビタミンや鉄なども蓄えて、必要に応じて体内に送り出してくれます。

　肝臓が正常に機能しなくなると、食欲不振や元気がなくなる、嘔吐、下痢などの症状があらわれます。

　食べた物は必ず（どんなに体によいものでも）、肝臓で代謝・解毒されるので、働かせすぎないよう食材や食事量を見直すか、何も食べさせずに肝臓を休ませる日を設けるのもひとつの方法です（P81）。

肝臓をケアしてくれる食材

栄養素	効果	おすすめ食材
ビタミンB$_1$	糖質の代謝を促進	豚肉、鶏レバー、牛ハツ、大豆、青のり、干し椎茸、グリーンピース、ごま、オートミール
ビタミンB$_2$	脂肪の代謝を促進	イワシ、サバ缶（食塩不使用）、ブリ、ハツ、納豆、卵、うずらの卵、のり、干し椎茸、舞茸
ビタミンB$_{12}$	赤血球やたんぱく質を合成	アサリ、シジミ、ハマグリ、イワシ、サバ、サンマ、ニシン、タラ、煮干し、カツオ節、のり、レバー
ビタミンC	肝臓の解毒作用を高める	パプリカ、ブロッコリー、ピーマン、豆苗、ゴーヤ、パセリ、モロヘイヤ、かぼちゃ、じゃがいも、トマト、白菜、大根
ビタミンE	肝組織を改善	アユ、イワシ、タイ、ハマチ、植物油、アーモンド、モロヘイヤ、かぼちゃ、大根葉
タウリン	肝機能を高める	アサリ、シジミ、アジ、カツオ、サバ、タラ、ブリ、ヒラメ、マグロ

タラのアクアパッツァ

低脂肪のタラは肝臓への負担が少なく、肝機能を高めるタウリン、糖質や脂肪の代謝を促進するビタミンB群を含む食材。ビタミンCを含む野菜を一緒に取ることで、解毒作用が高まります。

(材料)

真ダラの切り身
ミニトマト
黄パプリカ
カリフラワー
ブロッコリー
マッシュルーム
EXVオリーブ
オイル
パセリ

(作り方)

1 ミニトマト、黄パプリカを食べやすい大きさに切り、カリフラワー、ブロッコリーを小房に分け、マッシュルームをスライスする。

2 フライパンに少量のオリーブオイルを引いて、小骨を取った真ダラを両面焼く（中まで火が通っていなくてもOK）。

3 2に1の野菜とマッシュルーム、水を加え、フタをして蒸し煮する。

4 3に火が通ったら、刻んだパセリを散らす。

Point　EXVオリーブオイルは、最高品質のオリーブオイルを示す、エクストラバージンオリーブオイルのこと。強い抗酸化作用を持つポリフェノールが含まれている商品が多いので、肝臓ケアにかぎらず、体調をケアしたい時におすすめです。

尿路結石症ケアレシピ

頻尿　血尿が出る　いつもと尿が違う

尿路結石症は、尿に含まれるさまざまなミネラル成分が結晶化し、腎臓や膀胱、尿道などの器官で結石となることで、さまざまな症状を引き起こす病気です。

血尿や濃い色の尿、尿にキラキラしたものが混ざる、頻尿などで気づいた飼い主さんも多いことでしょう。

犬の尿路結石症で比較的多いのは、ストラバイトとシュウ酸カルシウム結石です。ストラバイト結石の原因で多いのは、膀胱炎などの尿路感染によるものなので、感染予防をすることで再発を防ぐことが肝心ですよ。

ストラバイト（リン酸アンモニウムマグネシウム）結石

ストラバイト結石は、尿が濃縮されるとますます結晶化しやすくなります。愛犬にしっかり水分を摂取させて結晶を排出させることが大切です。

療法食は通常のものよりも塩分を多くすることで、喉が渇いた犬が自ら水をたくさん飲むようにしてあります。

水分たっぷりの手作りごはんなら、ムリなく水分を摂取させることができますよ。

いつもぼくたちがいるソファやベッド、
カーペットから細菌感染することもあるんだ！
離れるのは悲しいけど、
いつも使っているお気に入りの場所を掃除して、
カバーなどは洗って清潔に保ってね

ストラバイト結石を予防してくれる食材

栄養素	効果	おすすめ食材
ビタミンA・βカロテン	粘膜の健康を維持、抗酸化作用	大葉、モロヘイヤ、にんじん、ほうれんそう、春菊、かぼちゃ、小松菜
ビタミンB₂	細胞の再生と成長を促進、皮膚や粘膜の健康を維持	レバー、ハツ、うなぎ、ブリ、サバ缶、イワシ、納豆、卵、うずらの卵、のり、干し椎茸、舞茸
ビタミンC	抗酸化作用、免疫機能を整える、感染を防ぐ	パプリカ、ブロッコリー、ピーマン、豆苗、ゴーヤ、パセリ、モロヘイヤ、かぼちゃ、じゃがいも、トマト、白菜、大根
ビタミンE	免疫細胞を活性化する	アユ、イワシ、タイ、ハマチ、メカジキ、桜エビ、植物油、アーモンド、松の実、モロヘイヤ、かぼちゃ、大根葉
EPA・DHA	抗炎症、抗酸化作用	サバ、イワシ、サンマ、ブリ、サケ、マグロ、ちりめんじゃこ

シュウ酸カルシウム結石

シュウ酸カルシウム結石なら
カルシウムを意識して摂ってみて！

本来、シュウ酸とカルシウムは、腸のなかで結合し便として排泄されます。ですが、腸内のカルシウムが少ないと、シュウ酸は血液へ吸収され腎臓へ運ばれます。そして、尿中のカルシウムと結合し、シュウ酸カルシウム結晶になります。つまり、腸内のカルシウムを増やすことと、シュウ酸の多い食材を減らすことで再発を予防できます。また、脂肪の多い食事も控えましょう。

シュウ酸カルシウム結石を予防してくれる食材

栄養素	効果	おすすめ食材
カルシウム	骨や歯など硬い器官を作る	桜エビ、シラス干し、煮干し、アユ、イワシ、サバ缶（食塩不使用）、ひじき、ワカメ、切り干し大根、パセリ、凍み豆腐

ストラバイト結石には……

ブリと大根の汁もの

EPA・DHAだけでなく、ビタミンB2も含むブリは万能食材です。栄養分が溶けた汁ごと与えることで、たっぷり水分も摂れるので毒素を排出しやすくなり、ストラバイト結石の改善・予防に繋がります。

(材 料)

ブリの切り身

大根

にんじん

豆苗

ごま油

出汁

ご飯

(作 り 方)

1 小骨を取ったブリを食べやすい大きさに切る。

2 鍋にごま油を引いて1のブリを焼き、いったん取り出す。

3 大根、にんじんを食べやすい大きさに切り、2の鍋で炒め、出汁をたっぷり入れて煮る。

4 3の野菜が煮えたら、2のブリを戻し、短く切った豆苗を加え、ひと煮立ちさせる。

5 4をご飯にかける。

あんかけ和風チャーハン

シュウ酸カルシウム結石の改善・予防には、カルシウムが豊富でEPA・DHAを含むシラスがおすすめ。さらにひじきと青のりを加えてカルシウムの摂取量をアップしましょう。

（ 材料 ）

シラス

卵

にんじん

小松菜

舞茸

ひじき

青のり

ごま油

出汁

葛粉

ご飯

（ 作り方 ）

1　シラスは水に漬けて塩を抜いておく（熱湯でサッとゆでるだけでもOK）。

2　にんじん、ゆでた小松菜、舞茸、水で戻したひじきを細かく刻む。

3　フライパンに少量のごま油を引いて、2のにんじん、舞茸、ひじきを炒め、少し水を足して火が通ったら、水分を飛ばす。

4　3に1のシラス、2の小松菜、青のり、ご飯を入れて炒め合わせる。

5　鍋に出汁を沸かし、水溶き葛粉でとろみをつける。溶きほぐした卵を糸状に流し入れる。

6　5を4にかける。

Point

小松菜はカルシウム豊富な野菜かつ、含まれるシュウ酸はほうれんそうの16分の1程度。ゆでると量をさらに半分近く減らすことができます。

心臓ケアレシピ

元気がない　疲れやすい　散歩をイヤがる　歩くのが遅い　咳が出る

　心臓ケアをするには、血液をサラサラにして流れをよくし、心臓の負担を軽減させることが大切です。また、食物繊維を摂って便通がよくなると、便秘でいきむこともなくなり、心臓への負担が避けられます。

　心臓病の初期症状は、元気がない、疲れやすい、散歩をイヤがったり途中で休んだりするなど。咳が出る時は、症状が進行している可能性があります。

　歯周病によって血液に細菌が入り込み、心臓に影響を与えることもあるため、毎日の歯磨きを欠かさずに。肥満も心臓に負担をかけるため、愛犬の理想体型を維持するようにしましょう。

心臓をケアしてくれる食材

なんだか
胸が苦しい……
これって恋！？

栄養素	効果	おすすめ食材
ビタミンC	血管壁を強化、免疫機能を整える	ゴーヤ、かぼちゃ、じゃがいも、白菜、大根、豆苗、トマト、パセリ、パプリカ、ピーマン、ブロッコリー、モロヘイヤ
コエンザイムQ10	心臓の働きを強化	イワシ、カツオ、サバ、マグロ、ハツ、レバー、カリフラワー、ほうれんそう、ブロッコリー、きな粉、ピーナッツ、クルミ
EPA・DHA	血液をサラサラにする、動脈硬化を予防、中性脂肪値を下げる	イワシ、カツオ、サバ、サケ、サンマ、ブリ、マグロ、ちりめんじゃこ
ビタミンE	血行をよくする、動脈硬化を予防	アユ、イワシ、タイ、ハマチ、メカジキ、桜エビ、植物油、アーモンド、松の実、かぼちゃ、モロヘイヤ、大根葉
食物繊維	血液中のコレステロールを排出	オクラ、キャベツ、ゴボウ、さつまいも、セロリ、海藻類、キノコ類、大麦

カツオの甘酢あん

心臓の働きを強化するコエンザイムQ10と、血行を促進するEPA・DHAを含むカツオを取り入れてみて。魚の血合いの部分は栄養が豊富なので、血合いもしっかり食べさせてあげましょう。

(材料)

カツオの刺身
ピーマン
赤パプリカ
にんじん
かぼちゃ
生姜
ごま油
酢
葛粉
米粉
ご飯

(作り方)

1 カツオを食べやすい大きさに切り、すりおろした生姜を水で薄めたものに漬ける。

2 1のカツオに米粉をまぶし、少量のごま油を引いたフライパンで焼き、火が通ったらいったん取り出す。

3 ピーマン、赤パプリカを食べやすい大きさに切り、2のフライパンで火が通るまで炒める（レンジで加熱してもOK）。

4 にんじんを小さな乱切り、かぼちゃをにんじんと同じ大きさの角切りにする。

5 フライパンに少量の水を入れ、4のにんじん、かぼちゃを水炒めし、火が通ったら、2と3の材料を入れ、さっと炒める。

6 5に水溶き葛粉と少量の酢を混ぜたものを加えてとろみをつけ、ご飯にかける。

目のケアレシピ

白目の充血　黒目が白っぽい　目やにが出る

犬の目の病気はさまざま。充血したり白濁したりするなど、見てわかるものもあれば、症状があらわれないまま進行して、気づいた時には悪化しているものも。血行をよくして目の細胞を活性化するごはんを与えましょう。目の細胞や粘膜の新陳代謝を促進して、目の健康をサポートしてくれます。

東洋医学では、目と肝臓は深い関係があるとされているので、肝臓の機能も高めましょう（P96）。

目がぁぁ！

目をケアしてくれる食材

栄養素	効果	おすすめ食材
ビタミンA・βカロテン	目の細胞や粘膜の健康を維持、涙を作る	かぼちゃ、小松菜、にんじん、ほうれんそう
ビタミンB群	視神経・網膜の働きを助ける、目の充血・疲れ目を回復、角膜を保湿	レバー、肉類、魚介類、穀物、緑色の野菜
ビタミンC	白内障を予防	かぼちゃ、ゴーヤ、じゃがいも、大根、豆苗、トマト、白菜、パセリ、ピーマン、パプリカ、ブロッコリー、モロヘイヤ
ビタミンE	血行を促進し目の老化を防止	アユ、イワシ、桜エビ、タイ、ハマチ、メカジキ、かぼちゃ、モロヘイヤ、大根葉
DHA	血流を改善、炎症を抑制、視力を回復	イワシ、サバ、サケ、サンマ、ブリ、マグロ
アスタキサンチン	目の新陳代謝を促す	エビ、カニ、キンメダイ、サケ、桜エビ
アントシアニン	眼精疲労を回復	イチゴ、黒ごま、黒豆、ブルーベリー、なす、紫キャベツ、紫いも
ルテイン	目の老化を防止、目の病気を改善	かぼちゃ、グリーンピース、小松菜、ブロッコリー、ほうれんそう、レタス
タウリン	視力を回復、目の健康を維持	アサリ、シジミ、アジ、カツオ、サバ、タラ

カラフルコブサラダ

DHAを含むツナ缶（食塩不使用でタマネギエキスが含まれないもの）と、抗酸化作用が高い野菜がたっぷりなサラダで、目の健康を維持しましょう。目の老化も防げるレシピです。

（ 材料 ）

ツナ水煮缶
（食塩不使用）

卵

ブロッコリー

紫いも

かぼちゃ

トマト

EXVオリーブ
オイル

酢（または
レモン汁）

レタス

（ 作り方 ）

1 ゆでたブロッコリーを小房に分け、ゆでた卵、蒸した（ゆでてもOK）紫いもとかぼちゃ、トマトを食べやすい大きさに切る。

2 お皿に、ちぎったレタスを敷き、1の野菜と卵、ツナ水煮缶をほぐして盛る。

3 別の器でツナ缶の汁に、酢、オリーブオイルを入れてよく混ぜてドレッシングを作り、2のサラダにまんべんなくかける。

Point 一般のツナ水煮缶は、表示がなくてもタマネギエキスが含まれているものがほとんど。缶詰の表記を確認してみましょう。ツナ缶をアスタキサンチンを含むサケやエビに替えてもOK。

関節ケアレシピ

最近足腰が
悪くてのぉ……

関節の炎症　　不自然な歩き方　　触られるのをイヤがる

　関節は骨と骨のつなぎ目に当たる部分。関節に炎症が起こると、痛みが出たり関節の動く可動域が狭くなったりします。不自然な歩き方をしている、動きづらそうにする、ふらつく、元気がなくなる、触られるのをイヤがるなどの症状に要注意。

　痛みや炎症がある場合は、抗酸化作用のある食材（P88）で炎症を抑えましょう。関節は、動かさないと周囲の筋肉もこわばっていき、ますます症状が悪化するので、普段から散歩を通じて筋力をアップし、関節への衝撃をやわらげておくことが肝心です。肥満は関節に負担をかけるため、理想体型を維持しましょう。

関節をケアしてくれる食材

栄養素	効果	おすすめ食材
たんぱく質	筋力UP	鶏ムネ肉、ささみ、牛・豚モモ肉、ヒレ肉、アジ、イワシ、カツオ、サケ、タイ、ブリ、マグロ、卵、大豆、大豆製品
カルシウム	骨を形成	アユ、イワシ、桜エビ、サバ缶、シラス干し、煮干し、ひじき、ワカメ、切り干し大根、パセリ、高野豆腐
コンドロイチン	関節の働きをサポート	鶏の皮、鶏手羽、軟骨、ヒラメ、うなぎ、納豆、のり、海藻類、オクラ、ナメコ、やまいも
グルコサミン	軟骨を修復	オクラ、カキ、キノコ類、桜エビ、納豆、めかぶ、やまいも
ビタミンC	コラーゲンを合成、筋肉の強化	かぼちゃ、ゴーヤ、じゃがいも、白菜、大根、豆苗、トマト、パセリ、パプリカ、ピーマン、ブロッコリー、モロヘイヤ

鶏手羽元と大根の 酸っぱいスープ

鶏手羽には、コンドロイチンとコラーゲンが豊富。酢と一緒に煮ることで、コラーゲンやカルシウムが煮汁に溶け出し、摂取効率がUP！ きくらげや椎茸に含まれるビタミンDもカルシウムの吸収を促します。

(材料)

鶏手羽元
大根
にんじん
干し椎茸
乾燥
黒きくらげ
生姜
酢
ご飯
大根葉

(作り方)

1 干し椎茸、乾燥黒きくらげを水で戻し、短い細切りにする。戻し汁は使うので取っておく。

2 大根とにんじんを短い短冊切りにする。

3 鶏手羽元を洗い、表面が白くなるくらいさっと下ゆでし、アクや血の塊を水で洗い流す。

4 水を入れた鍋に、1の材料と戻し汁、2、3の材料、すりおろした生姜、少量の酢を入れて、火が通るまで煮る。

5 粗熱が取れたら、手羽元の骨を外し、食べやすい大きさにほぐして、ご飯にかける。

6 5にゆでて細かく刻んだ大根葉を散らす。

Point 酢は犬に食べさせてもOKですが、酸っぱいもの＝腐ったものと認識して食べたがらない子もいます。その時は加熱して匂いを取ってあげるといいでしょう。

免疫機能を整えるレシピ

不調になりやすい　疲れやすい

　免疫とは、体内に侵入した異物や病原体を認識して攻撃し、排除するしくみのこと。

　犬だけでなく、動物は生まれつき免疫を持っていますし、生きていく過程でも、新たな免疫を獲得していきます。

　「免疫力を上げる」とよく耳にしますが、「上げる」というよりも、安定して正常に免疫機能が働くようにすることが重要です。

　免疫力が下がらないような食生活を始めとして、ウィルスなどが体内に侵入するのを防ぐ粘膜免疫の強化、免疫システムに影響を与える腸管免疫が健全に働くよう、腸内環境を整える食材も取り入れましょう。

ぼくは最強！

免疫機能を整えてくれる食材

栄養素	効果	おすすめ食材
ビタミンB₂	細胞の再生と成長を促進	ブリ、イワシ、うなぎ、サバ缶、ハツ、レバー、納豆、卵、うずらの卵、のり、干し椎茸、舞茸
ビタミンB₆	免疫機能の正常な働きを維持	カツオ、サケ、マグロ、鶏肉、レバー、大豆、納豆、干し椎茸、アマランサス、にんにく（少量でOK）、パプリカ、モロヘイヤ、バナナ、アボカド
βカロテン	皮膚や粘膜の健康を維持、免疫細胞の働きを活性化	大葉、かぼちゃ、小松菜、春菊、にんじん、ほうれんそう、モロヘイヤ、オクラ
ビタミンC	抗酸化作用が高い、白血球の働きを活性化	かぼちゃ、ゴーヤ、じゃがいも、大根、豆苗、トマト、白菜、パセリ、パプリカ、ピーマン、ブロッコリー
亜鉛	免疫細胞の新陳代謝を促す	カキ、レバー、牛肉、卵、煮干し、大豆、ごま、のり
食物繊維	腸内環境を整える	大麦、海藻類、キノコ類、根菜、オクラ、やまいも

ネバネバ海鮮ばくだん丼

納豆は犬にとってもスーパーフード。そこに腸内環境
を整える成分を含むオクラ、やまいもをプラスして。
マグロ、納豆の組み合わせは免疫機能を正常に維持し
てくれます。

(材料)

マグロの刺身
ひきわり納豆
やまいも
オクラ
のり
白すりごま
ご飯

(作り方)

1 うぶ毛処理したオクラをさっとゆでて、細かく刻む。

2 マグロをサイコロ状に切る。

3 やまいもをすりおろす。

4 ご飯に、1、2、3の材料、ひきわり納豆をのせる。

5 4に刻んだのりをのせ、白すりごまをふりかける。

Point

ごまの皮は硬く消化吸収されないので、すりごまを使うといいでしょう。トッピ
ング程度の量でも栄養を摂取できますよ。酸化を防ぐために、できれば食べる直
前にすってあげてくださいね。

おわりに

手作り犬ごはんには、ウキウキ・ワクワク・ドキドキが詰まっています。ウキウキ献立を考え、ワクワクしながらごはんを作り、おいしそうに食べてくれるかドキドキ。そして愛犬の最高の笑顔のおまけ付き。

いろいろなレシピを載せていますが、最初からレシピ通りではなく、ゆでた鶏ささみを、いつものごはんに食べやすいようにほぐしてのせるだけでもいいんです。
レシピで紹介したオムライスやシュウマイも、形を作らずに同じ材料を煮たり炒めたりして、外見は違うけれど中身は一緒♪でもいいし、違う食材に置きかえてもいいんです。

栄養バランスだって1週間単位のトータルでみればいいし、
仮に足りないものがあったらその翌週に補えばOK。
気負いすぎず気楽に考えることが大事です。
飼い主さんは「何を作ってあげようかな」
わんこは「今日はどんなごはんかな」って、
わんこと一緒にワクワク楽しむことが
一番なのだと思います。

この本を愛犬のくぅさんと
りっくんと一緒に、
「このごはんおいしいよね〜」

なんていいながら見られると思っていました。
ごはんを手作りすることの楽しさを教えてくれたくぅさんと
りっくんは、出版を待たずしてお空に帰ってしまいました。
くぅさんは、余命宣告から約6年も一緒にいてくれました。
「おいしくなぁれ」の魔法の言葉とともに作っていたごはんが、
くぅさんに奇跡を起こしてくれたとわたしは思っています。

どうかみなさんの手作りごはんを始めるきっかけとなる
1冊となりますよう。

最後に、朝日新聞出版様、ヴュー企画様、
デザイン、撮影、イラストなど、
この本にかかわってくださった皆さま、
基礎部分を作ってくださったライターさんや
監修をしてくださったtamakiさん。
ありがとうございました。

たまねぎ

2022年末に
たまねぎさんちの
一員になったよ！
よろしくねっ！

雷（らいくん）　　風（ふぅくん）
スタンダードプードル　スタンダードプードル
（♂・白）　　　　　（♂・黒）

著者 たまねぎ

スタンダードプードルの愛犬と孫をこよなく愛するおばあちゃん。Instagramとブログで発信するわんこと孫たちとの楽しい日常とおしゃれな暮らしが人気になる。2022年末に新しいわんこ2匹が家族に仲間入りした。わんこの体調不良をきっかけに手作り犬ごはんを始める。手作り犬ごはんの先生は、ご友人かつ本書の監修を務めたtamakiさん。マイペースでゆったりと季節の食材を使った犬ごはん作りを楽しんでいる。時には孫たちが手伝うことも。Ameba公式トップブロガー。Instagramのフォロワー数は55万人超（2023年1月現在）。著書に『大きなボク　小さなわたし』(KADOKAWA)、『ぼくたちの場所』(イラスト菊田まりこ)、『たまねぎ家の暮らし』(ともにワニブックス)がある。

Instagram @tamanegi.qoo.riku
ブログ「しろとくろしろ」
https://ameblo.jp/soratokaitekutoyobu/

監修 tamaki

調理師、APNA®ペット食育指導士、アニマルコミュニケーター。コンピューター会社勤務時代に、その多忙さと荒れた食生活の影響から体を壊し、それが食生活を見直すきっかけになる。その後、病院の調理師の道へ進み、調理師免許を取得。愛犬が5カ月頃からドッグフードを食べなくなり、飽きずに食べてくれるフードを探しては取り寄せ、無駄にする日々が続いていたが、獣医師である須﨑恭彦先生の手作り犬ごはんの本と出合い、手作り犬ごはんをスタート。日々の犬ごはんから特別な日の犬ごはんまで、「飼い主さんと愛犬のおそろいごはん」をテーマに、身近な材料で簡単に作れるメニューをブログで提案している。カフェやカルチャースクールで、手作り犬ごはん講座などの講師を務めることもある。

Instagram @tamaki.ksr
ブログ「Go with the flow～心のままに～」
https://ameblo.jp/midori-may/

Staff

装丁・本文デザイン	細山田デザイン事務所（細山田光宣、室田潤、山本哲史、長坂凪、橋本葵、杉本真夕）
本文DTP	菅綾子、柳本真二
イラスト	高旗将雄
執筆協力	井上綾乃
撮影	井出勇貴
撮影スタジオ	やまがたクリエイティブシティセンターQ1
編集	山角優子（有限会社ヴュー企画）
企画・編集	端香里（朝日新聞出版 生活・文化編集部）

手作りでうれしい
たまねぎさんちの犬ごはん

著 者	たまねぎ
監 修	tamaki
発行者	片桐圭子
発行所	朝日新聞出版
	〒104-8011　東京都中央区築地5-3-2
	（お問い合わせ）infojitsuyo@asahi.com
印刷所	大日本印刷株式会社

©2023Tamanegi
Published in Japan by Asahi Shimbun Publications Inc.
ISBN　978-4-02-334105-0